환경생태미래연구총서 V

서울 남산 숲 40년
(1978~2018)간의 변화

이경재 저

서울 남산 숲 40년 (1978~2018)간의 변화

초판 1쇄 인쇄 | 2019년 7월 15일
초판 1쇄 발행 | 2019년 7월 19일

지 은 이 | 이경재
발 행 인 | 이상춘
발 행 처 | 광일문화사

주 소 | 서울특별시 강남구 학동로 323(한미빌딩)
전 화 | (02) 517-5555
팩 스 | (02) 545-5786

ISBN 978-89-86752-73-1 93480

값 60,000원

들어 가는 글

법정스님은「산에는 꽃이 피네」책자에서 다음과 같이 말씀하셨다.

" 현대 문명의 해독제는 자연밖에 없다. 인간이 마지막으로 기댈데가 자연밖에 없다. 자연은 인간 존재와 격리된 별개의 세계가 아니다. 크게 보면 우주 자체가 커다란 생명체이며, 자연은 생명체의 본질이다. 따라서 우리는 그 자연의 일부이다."

지난 40년간(1978~2018) 필자가 경험한 서울 남산은 건강한 자연이었던 시대가 있었다. 1978년 남산숲속을 정량적인 자료를 얻기 위해 많은 곳을 조사하였는데, 남산숲속의 물소리, 새소리, 풀벌레소리, 바람소리가 정적을 깨트려 깜짝 놀라곤 하였다. 이런 남산숲속에서 강원도 심산유곡을 걷는 양, 착각에 빠지곤 하였다. 필자는 학교가 위치한 수원에서 경험을 못 하였던 자연체험을 오롯이 서울 도심에서 만끽하고 다시 수원에 소재한 대학의 대학원생 신분으로 돌아갔다.

이후 1984년 서울시립대 조교수 발령을 받은 후, 1987년에 남산 숲을 걸어보았다. 숲의 청량감은 덜 해졌고, 알 듯 모를듯하게 숲의 내음이 달라졌다고 느꼈다. 1988년 8월부터 1년간 영국에서 연구원 생활을 하면서, 독일, 스위스, 스코틀랜드의 대기오염 피해 현장을 답사하였다. 아울러 대기오염에 의한 초기 피해증상을 침엽수 잎에서 측정하는 방법을 배워 귀국하였다. 귀국 후 과학기술처 프로젝트를 3년간 수행하였는데, 침엽수 피해정도를 측정하기 위해 중부지방의 영종도에서 강릉에 이르는 선상에 14개 조사지를 선정하였다. 전나무,

소나무, 독일가문비 침엽을 대상으로 생리적인 조사를 수행하였다.

연구결과 영종도에서 양평까지 중피해, 인천에서 구리시까지 심피해로 판단되어 수도권에서의 대기오염피해가 상당하게 진행되었음을 알게 되었다. 이를 계기로 남산을 정밀하게 이후에 조사분석하게 된다. 1993년 8월에 남산 북사면 신갈나무숲을 돌아 다니면서 관찰한 결과, 산벚나무와 신갈나무 맹아발생을 흔히 볼 수 있었고, 신갈나무 수관중 일부가 잎이 진 것이 관찰되었다. 그리고 미국이 원산지인 미국자리공도 남산에서 자주 눈에 띄었다.

당시 3개 방송사(KBS, MBC, SBS)가 환경오염에 대해 관심을 갖고 계속 특집방송, 뉴스에서 울산공단, 남산, 창덕궁 후원 숲 등지에서 현장 방송이 이루어졌다. 그러나 일부 학자들은 대기오염피해가 아니라 복합적인 원인의 피해라고 주장하였다. 심지어 환경오염 피해가 아니라고 주장하는 학자와 필자가 함께 공동 연구를 하여 결판을 내자는 서울시 당국의 권유까지 있었다.

필자도 환경오염 피해가 아니기를 바랐지만, 1990년대 중반 이후 남산에서 산벚나무, 창덕궁 후원에서 밤나무와 산벚나무 고사목이 흔하게 발견되었다. 이후 남산에 귀화식물인 가중나무와 서양등골나물 등의 영역이 계속 확장되었다. 2000년이후 남산 자연의 속성이 점차 변하고 있었다.

지구상 온대북부에서 자연성이 잘 유지되어 온 숲은, 참나무숲에서 너도밤나무숲으로 변화하는 진화현상을 독일, 일본, 미국의 낙엽활엽수숲에서 필자는 경험할 수 있었다. 우리나라에는 울릉도만이 너도밤나무숲의 작은 면적이 존재한다. 보존 역사가 긴 광릉숲을 1990년대부터 관찰을 하였다. 일제 강점기인 1920년대 일본인 학자가 광릉숲을 돌아보고 한반도에서 잘 보존된 참나무숲은 서어나무숲으로 진화하여 안정상태에 이를 것이며, 당시 광릉숲은 많은 지역에서 관찰되었다고 하였다. 그러나 2010년대 이후에 광릉 서어나무숲의 쇠퇴현상이 관찰되었다.

남산 신갈나무숲을 20여년간 현장에 조사구를 설치, 조사한 결과 자연림 진화징조는 없었다. 남산숲이 자연성이 점점 쇠약해지더니, 결국에는 2008년 참나무시들음병에 감염된 신갈나무 등을 2013년까지 6천 8백주를 베어내기에 이른다. 대신에 산성토양에 내성이 강한 단풍나무와 팥배나무가 아교목과 관목층에서 계속 늘어가고 있다. 또한 남산 자생수종이 아닌 가중나무, 일본목련, 오동나무 등이 계속 늘어만 가고 있다. 앞서 법정스님이 자연은 문명의 해독제라고 말씀하셨다. 남산 자연은 해독제 역할을 하기가 버거워졌다.

이런 현상을 필자가 남산을 옆에서 40년간 지켜본 결과이니 얼마나 참담한 일인가. 세계적으로 도심에 자연림, 특히 해발 265m의 산을 도심에 안고 있는 인구 5백만 이상의 도시를 찾아 볼 수가 없다. 런던의 하이드 파크, 파리의 볼레르숲, 베르린의 티에르가르텐, 뉴욕의 센트럴 파크는 모두 평지이고 조성된 숲이다.

우리 조상들은 6백 2십년전에 지리적인 혜안으로 도읍으로 정한 한양, 서울의 사산중 하나인 남산이 자연성을 잃어 가고 있다. 지금과 같이 기후온난화, 도심열섬화에 대한 관심과 대응이 없다면, 남산의 자연성은 계속 악화되어 갈 것이다. 필자가 생각하기로는 앞으로 20년후에는 현재 남산을 구성하고 있는 수목이 달라질 것이다. 자연성이 유지될 수 없는 숲! 어떤 모습이 될까.

본 책자는 40년간 남산 자연의 기록물이다. 20년 후 관심있는 사람이 필자의 예견을 검토해 줄 것을 부탁드립니다. 자료를 40여년간 모으는데 함께 애써주신 모든 이들에게 감사드립니다. 특히 광일문화사 이상춘사장님의 40년간 후원에 감사드립니다. 오래토록 건강하게 사시고, 한 길만 가시는 이 분에게 축복을 기원합니다. 항상 옆에서 모든 것을 후원하여 주시는 영원한 나의 님에게 감사드리고, 항상 곁에 있어 주어 감사드립니다. 모범적으로 사람답게 사는 정규, 정원, 수현, 상미, 주형 모두에게 감사드립니다.

남산숲이여! 기운을 차리로서.

2019년 8월 大河자연연구소에서

이 경 재

차 례

제1부

남산의 역사

제 1 부
남산의 역사

1. 남산의 풍수적 의미

우리 국토는 한 개의 대간(大幹)과 한 개의 정간, 열 세개의 정맥(正脈)으로 형성되어 있다. 대간은 백두대간(白頭大幹)이며 백두산에서 출발하여 추가령지대에서 한북정맥(漢北正脈)과 헤어진다. 한북정맥은 북한강을 따라 내려오다 삼각산(三角山)에서 헤어져 임진강쪽으로 내닫는다.

삼각산에서 분리된 지맥은 북악산에서 낙산으로 가는 도중에, 다시 분리된 지맥이 창경궁(昌慶宮) 인정전(仁政殿)에 이르러 임금의 보좌와 연결된다. 한양에 도읍할 때 북쪽의 백악산(白岳山; 해발 342m)을 후현무(後玄武), 동쪽의 낙타산(駱駝山; 해발 125m)을 좌청룡(左靑龍), 남쪽의 남산(南山; 해발 265m)을 전주작(前朱雀), 서쪽의 인왕산(仁旺山; 해발 338m)을 우백호(右白虎)로 하는 내사산(內四山)의 풍수를 바탕으로 1394년에 도읍한다.

고려시대에 인경산(引慶山)이라고 부르던 산을 조선시대에 한양으로 도읍하면서 남산(南山) 혹은 목멱산(木覓山)으로 부르게 된다. 목멱산은 남산을 지키는 산신에게 목멱대왕(木覓大王)으로 봉한데 연유하고, 남산을 우리말로 마메로 불렀다고 한다.

1395년부터 사산(四山)관리를 엄격하게 하였고, 1411년(태종 11년)에는 장정 3천명이 동원되어 20일동안 남산 등지에 소나무를 식재하였다고 한다. 이후 1469년(예종 1년) 송금벌사목(松禁伐事目)을 시행하였지만, 1594년(선조 32년)

조사에서 도성내 벌채로 삼림훼손이 심각해지자, 1661년(현종 2년) 사산금표(四山禁標)를 만들어 사산의 벌채금지, 입산금지, 토석 채취의 금지, 묘의 작정 금지 등을 시행하였다.

그러나 사산의 벌채가 대낮에도 행하여진다는 장계에 따라 1765년(영조 41년) 금산양송법(禁山養松法)을 만들어 엄중하게 시행한다. 이런 노력으로 묘가 하나도 없는 남산은 애국가 2절 "남산에 저 소나무 철갑을 두룬 듯..." 라는 가사가 있을 정도의 낙락장송(落落長松)의 시대가 있었던 모양이다. 하지만 구한말 외국 선교사들의 사진에 의하면 당시 사산은 거의 벌거숭이산이었다.

2. 남산의 훼손

일제 강점기에 들어와 현 숭의여전자리에 조선통감부, 경성신사, 한양공원 등의 조성, 식물원 자리에 조선신궁을 설치하는 등으로 남산 서쪽의 지맥이 크게 훼손되고, 남산에 살던 낙락장송이 짤려 나갔다. 1940년 지정된 남산공원과 장충단공원 명칭이 해방이후 계속적으로 사용하게 된다. 1950년 6.25전쟁이 끝나자 용산지역의 해방촌 설치, 이후 남산내 동쪽에 동국대 설치, 자유센터, 타워호텔, 중앙공무원 설립, 국립극장 및 국악고등학교 건립, 22층의 신라호텔 건축, 남측에 월남피난민 주택지 불하, 16, 17층의 외인 아파트 건립, 하이얏트 호텔 건립, 서쪽의 서울시립도서관 건축, 시립교육연구정보원 건축 등이 전부 남산공원부지를 해제하고 설치한 것이다.

일제 강점기에 일본인들은 남산 북쪽의 회현동, 남산동, 장충동 등에 모여 살았다. 이 지역이 남산과 청계천을 연결하던 300~800m정도의 평지 숲의 녹지훼손이 심해지자 1941년 풍치지구로 설정하게 된다. 이미 일제 강점기에 청계천과의 녹지 단절로 남산 숲은 고립되었다.

남산은 3개의 터널이 건설되어 있다. 1호 터널(1970년 개통), 2호 터널(1970.9 개통), 3호 터널(1978.3 개통)이 뚫려 있다. 남산 암석은 남서로 화강암, 북동은 화강편마암으로 형성되어 있다. 화강편마암은 균열이 많이 나 있어서, 3개 터널 모두 부분적 누수로 방수처리, 배수처리가 함께 시행되었다. 1978년 당시 남산 북사면을 조사할 때 여러개의 시냇물을 만나, 손도 씻고 세수도 한적이 있었다. 박제가(朴齊家; 1750~?)는 남산은 숲과 바위로 유명하다며, 샘물이 바위에서 솟아나고, 그위에 우뚝 서있는 소나무가 그려낸 절경을 시로 표현하였다. 정완용(鄭完容; 1783~1873)은 회현동에 정자를 지었고, 울창한 수림사이로 맑은 시냇물이 소리내어 흐른다고 하였다.

이렇듯 물이 많이 흐르던 남산은 지금은 계속 건조하여져 북측 산책로에 물을 끌어다가 인공 실개천을 조성하였다. 남산 건조화가 터널의 암석 균열에서 시작된 것은 아닌지?

3. 남산의 복원

일본인들이 지정한 남산공원과 장충단 공원을 1984년 9월에 둘을 합쳐 남산공원으로 지정하게 된다. 그 면적은 2,971,000m^{2}이었다.

1970년에 들어와 국가정책의 중요 과제중 하나가 벌거벗은 산을 녹화하는 것이었다. 남산도 이 정책에 힘입어 1981~1986년에 걸쳐 총 45,250주 나무를 식재하였다. 지금에야 이야기되고 있는 남산 자생수종은 생각도 못하고 전국 산지에 식재하는 수목을 남산에도 심게 된다. 잣나무가 제일 많아 21,450주, 리기다소나무 6,200주, 개나리 4,000주 등을 심었다. 이외에도 식재한 수종은 은수원사시나무(현사시나무), 독일가문비나무, 산철쭉, 겹철쭉, 소나무 200주, 전나무가 식재되었다. 아마도 아카시나무와 물오리나무는 사방식재 수목으로 이 시기보다 앞서 심었을 것이다. 현재는 은수원사시나무는 계속 베어지고 있고, 독일가문비나무, 산철쭉, 개나리, 전나무 등은 도태되는 중이다.

1960년대부터 식재되었을 아카시나무는 많이 베어져 나갔고, 남은 대경목도 계속 고사되고 있으나, 뿌리 맹아(萌芽)가 자라나 대물림을 하고 있다. 이때 함께 심은 물오리나무는 많은 개체가 도태되었으며, 남아있는 대경목의 물오리나무를 현재는 찾아 보기가 용이하지 않다. 숲속에 심겨진 독일가문비와 전나무는 많은 개체가 정상적으로 자라지 못하고 다른 나무의 피압을 받고 있다. 제일 많이 심겨진 잣나무는 많은 개체가 도태되었고, 일부가 소나무숲에서 생존하고 있다.

1990년 서울시는 남산 제모습 찾기 100인 위원회를 구성하였으며, 위원들의 활발한 활동으로 기본계획을 수립하였다. 남산 제모습 찾기 과제중 중요한 쟁점이 여럿 있었다. 1.서울타워의 이전 2.수방사 이전터의 남산 숲 복원 3.외인아파트 및 주택단지 이전터의 남산숲 복원 4.팔각정 주차장 매점의 탐방객 안내소로의 전환 5.아카시나무의 존재 인정의 여부 6.인왕산으로 옮긴 국사당의 남산으로 이전 등이 중요한 이슈이었다. 위원회는 3개 분과위원회로 나뉘었는데, 필자는 자연보전분과 위원회 간사로 열심히 참여한 기억이 있다.

많은 토론이 있었지만 복원문제는 숲 복원보다는 시민의 흥밋거리로 시당국은 끌고 갔고, 대부분 그렇게 결정되었다. 도출된 결론은 수방사 이전터의 민속마을 조성, 남쪽 외인 주택단지 이전터에 야외 식물원 조성, 소나무를 피압하는 일부 수목은 제거하기로 하였다.

모처럼 얻은 남산의 훼손지를 숲 복원 대신, 토지를 이용하고 건설하려는 측의 주장이 관찰된 것이다. 남산 숲 복원은 진부한 의견으로 무시당한 것이다. 당시 자연보전 분과위원회는 이창복교수님이 위원장이었다. 남산 제 모습 시기에 대해 많은 토론이 있었다. 결론은 1990년대 모습이 남산의 제모습 기준으로 정해졌다. 아카시나무는 1990년 당시 훌륭한 경관수종이므로 함부로 베지 말고, 다만 소나무림 연결을 방해한다든가, 소나무를 피압하는 정도의 아카시나무만을 베고 소나무 숲을 복원하기로 하였다.

남산관리사무소측은 1991~2000년까지 예산 53억 5천만원을 투입, 소나무 18,295주 식재계획을 수립하고, 계획에 따라 아카시나무를 다량 벌채하고 소나무를 식재하였다. 면적 24만m^2 정도를 베어낸 것이다. 아카시나무를 남산 자연구성원 일원으로 보자는 위원회의 고심 끝에 얻은 결론을 무시한 것이다.

남산을 서울 시내 북쪽에서 바라보면 누에같이 생겼다고 한다. 타워가 세워진 서봉(해발 265m)은 누에머리(蚕頭峰), 미군 통신대가 있는 자리 동봉(해발 243m)은 누에 엉덩이로 삼았다. 누에가 먹을 뽕도 현재 잠실 위치에 식재하여 국가에서 세종때부터 직접 관리하였다고 한다. 요즈음 잠실대교 동쪽 둔치에 뽕나무를 몇 백주 심어 위의 풍수를 재현하고 있다.

서울타워는 남산 잠두봉에 높이 236.7m의 타워를 1975년에 완공, 1980년 10월부터 일반인에게 공개하였다. 남산의 정기를 누르는 이 건축물을 옮기자고 남산제모습찾기위원회에서 제기하였으나 마이동풍격. 필자는 팔각정매점 자리에 탐방객 안내소를 만들어 남산 탐방객에게 정보를 제공하여야 한다고 했지만 서울시 당국은 들은 척도 하지 않았다. 한옥마을, 야외식물원 등은 남산 숲 복원을 무시한채 또 다른 이벤트공간을 조성한 것이다.

1990년대에 새로운 시장으로 바뀌자 "남산 르네상스" 프로젝트가 계획되고 실행되었다. 남산이 건조함에 착안, 북쪽 산책로에 실개울이 조성되었다. 산책하는 시민들에게 호응을 얻게 되지만, 연간 전기요금만 8억 가까이 소요되어 관리당국에 짐이 되고 있다. 남산 르네상스 프로젝트의 가시적인 성과를 보여준 다른 사업이 남산둘레길과 성곽길 조성사업이다.

남산둘레길은 남사면의 소나무 숲이 대부분 포함되었다. 현재의 소나무 숲의 자연성이 불안정한데, 길을 내고 사람을 끌어 들인 것이다. 앞으로 계속 소나무 숲에 영향을 미쳐, 자연 안정성 속도에 문제를 야기할 것이다.

성곽길은 팔각정 간이매점 자리에서 남산산악회까지이다. 간이매점자리에서 창충약수터로 내려가는 길 중간, 내리막길 끝나는 지점에서 남산산악회 입구까지 새롭게 길을 만든 것이다. 이 산책로는 서울성곽이 가로 막고 있어, 나무 계단과 데크로 성벽을 넘게 만들었다. 한양의 중요한 문화재인 성곽을 시민들이 넘어가게 만든 것이다. 또한 이 길은 서봉 북쪽으로 미통신대 보호 철조망으로 남산에서 잘 보호되었던 신갈나무 숲을 훼손하고 길을 만들었다. 북사면의 양호한 숲으로 과거에는 애기나리, 물봉선, 남산제비꽃, 둥굴레 등의 자생초본류와 느티나무와 이끼가 무성하여 남산을 조사할 때마다 이 지역에 들어 가는 것이 죄를 짓는 것 같아 망설이던 장소이었다. 그리고 이 숲이 남산의 고유성을 갖고 있어 계속 유지하기를 바랐던 희망적인 숲이었다. 1990년대 어느 날, 콘크리트와 나무계단으로 조성한 길을 보고 너무나 좌절했던 생각이 떠 오른다. 불행하게도 이 지역에 참나무시들음병이 심하게 감염되어 많은 신갈나무가 베어져 나갔다. 새로 조성한 길이 베어진 신갈나무 운반 길로 된 것이다.

제2부

서울타워에서 바라본 남산 숲

제 2 부

서울타워에서 바라본 남산 숲

서울타워는 1975년에 완공하고 1980년에 개방하였는데, 높이 236.7m로서 완공당시 세계에서 2번째로 높은 타워이었다고 한다. 남산의 최고의 해발고(265m)인 정상에 세운 타워이다. 개방 초기에는 청와대가 위치한 북쪽 사진을 찍지 못하게 감시하는 기관원이 상수하기도 했다.

서울타워가 서쪽에 치우쳐 있어 서사면 식생을 잘 살펴 볼 수 있는 반면, 동쪽면은 눈에 들어오지 않는다. 그래서 미통신대 동쪽 식생과 북동쪽의 장충약수터 인근 식생은 볼 수가 없다. 타워에서 남산숲의 사계절을 살펴볼 수 있는데, 경험한바에 의하면 가을, 봄, 겨울, 여름 순으로 아름다웠다.

봄이면 숲속에서 살고 있는 산벚나무 연분홍색 꽃이 점박이로 나타나 산벚나무 개체가 많음을 직감할 수가 있다. 그리고 팥배나무 초여름 흰꽃이 산벚나무보다 더 많이 보인다. 그러나 꽃피는 시기가 4월 20일부터 5월 15일사이인지라 올해는 꽃을 볼 수 있을까 마음을 졸인다.

가을이면 남쪽 소나무숲의 초록색, 북쪽 신갈나무의 누런 단풍잎으로 완연히 구분된다. 그런데 소나무숲이 이태원쪽 하이얏트 호텔쪽에 치우쳐 있어 타워에서는 소나무숲 정수를 관찰하기가 곤란하다, 타워에서 보이는 남동쪽 소나무숲은 소나무와 낙엽활엽수의 대조가 눈을 끈다. 요즈음에는 가을에 북사면 신갈나무 장령숲이 그려내는 가을 경관을 감상할 수 있다. 타워 바로 밑, 팔각정 광장과 성곽의 고목 느티나무가 만들어내는 수관의 풍성함이 마음을 차분하게 해준다.

겨울 설경은 북사면 신갈나무숲의 아름다운 경관에서 볼 수 있다. 능선부와

사면부의 신갈나무 개체수 즉, 밀도가 다르다. 능선부는 높은 밀도, 사면은 낮은 밀도의 신갈나무가 대조를 이룬다. 여기에 눈까지 가세하면 적설의 차이가 그려내는 신갈나무숲 겨울 경관은 신비롭기까지 하다.

타워가 서쪽에 치우쳐 있어, 서사면의 메타세콰이아림, 수원은사시나무림, 산벚나무숲, 아카시나무림의 차이를 구분할 수 있다. 최근에 서사면 숲속에 칡 덩굴이 점점 규모가 넓어지고 있는데 타워에서 이것이 관찰된다. 과거에 아름다웠던 분수광장이 성곽복원공사로 비닐로 덮혀 있다.

타워에 오르면 서울시내에 대규모 숲이 보이질 않는다. 지금까지 끝없이 고밀도 개발을 해온 결과이다. 그러나 북쪽으로 북악산을 비롯, 사산(四山)이 눈에 들어 온다. 낙산은 단독 주택단지를 헐고, 복원된지 얼마되지 않아 날이 갈수록 푸르러지겠지만 낙산 전체가 아닌 일부만이 복원되어 푸르름 경관은 현재보다 크게 좋아지지는 않을 것이다. 창덕궁과 종묘숲이 서울 중심의 중요한 녹지이지만 남산과 연결되지 않는다. 세운상가 등이 가로막고 있다. 과거 서울시장 여러 명이 세운상가 녹지축을 복원하려고 시도하였지만 좀처럼 진전이 없다.

타워에서 남산한옥마을쪽을 바라보면 남산관리 사무소 옥상이 눈에 들어온다. 몇 년전까지 만해도 옥상조경 모습이 보였는데, 2018년에는 태양열집열판이 설치된 모습으로 바뀌었다. 본 건물은 타워에서 바라보면 남산숲을 크게 훼손하고 건설한 것이다. 과거 안기부 건물로 건설하였고, 현재는 남산관리사무소가 일부 사용하고 있다. 숲을 파괴하고 지은 건물로 눈에 거슬리니 속히 건물을 철거하고 숲으로 복원해야 한다.

서울은 1395년 조선조 초기에 도읍지로 지정되었는데, 도읍지 풍수로 가장 중요시 되었던 사산과 한강이, 분지도시가 안고 있는 대기오염물질 정체를 완화시키는 중요한 역할을 할 수가 있겠다. 사산과 한강을 연결하는 녹지축을 조성하여 바람길을 확보하여야 한다. 낮이면 사산의 시원한 바람이 도심의 뜨겁고 많은 오염물질이 함유된 대기를 이끌어 한강으로 몰아가 식혀줄 것이다. 밤이면 시원한 한강바람이, 열대야의 뜨거운 대기를 사산으로 몰고가 식혀줄 것이다.

사산과 한강의 녹지축 복원이 중요하지만, 만만한 문제가 아니다. 서쪽의 인왕산과 북악산의 계곡, 동쪽의 낙산과 남산의 계곡 등이 바람길로 중요하지만, 이런 저지대는 서울에서 가장 과밀한 지역중 하나이다.

독일 슈트트가르트(Stuttgart)도 분지 도시인데, 도시내부와 외곽 삼림지역과의 바람길을 조성하기 위해, 장기 프로젝트로 설정하고, 계획과 시공을 20여년간 노력 끝에 완성하게 된다. 실행한 큰 일이 외곽 고속도로에서 내뿜는 대기오염물질을 차단하기 위해 노선을 변경한다. 또한 도심으로 연결되었던 폐철도를 녹지로 바꾸었다. 우리도 서울 도심 열섬화를 감소시킬 수 있는 녹지 연결 장기구상이 필요한 시점이다.

인구 23만시대의 한양 사산과 한강을 위주로한 도시계획을, 인구 천만명 시대에 걸맞는 녹지축의 개념이 필요하다. 조선조 시대의 사산과 한강의 녹지축을 그려 놓고, 현대의 개발된 도면을 중첩시켜 꿈을 그려야 한다. 현재와 같이 과밀하고, 먼지 및 미세먼지로 앞이 보이지 않는 도시에서 어떻게 국제 경쟁력을 논할 수 있겠는가?

1. 봄경관

동쪽 미통신대. 남쪽 소나무림, 북쪽 신갈나무림이 대조적이다(06.04.12)

남쪽사면 가로수 벚꽃이 뚜렷하다(11.04.23)

성곽 남쪽. 식재한 어린 소나무보다 큰 활엽수가 눈에 들어 온다(91.04.18)

도로 왼쪽 거목 느티나무 신록이 연결되어 있다(09.04.22)

북사면 로프웨이 종착역 주변 신록. 봄 성장기로 식생 경관이 거칠음(91.04.18)

세월이 흘러 종착역 서쪽 느티나무 신록이 부드럽다(09.04.22)

북사면 신갈나무 숲의 평화스런 바다(09.04.22)

남산 북쪽 품속으로 많은 집들이 파고 들었다(09.04.22)

북동쪽 숲은 인근 주택과 빌딩이 계속 늘어나 어렵게 유지되어 왔다(11.04.23)

북사면 하부에 벚꽃이 피어 존재가 완연(11.04.23)

군부대 이전적지에 숲 복원보다 한옥마을 건축이 우선되었다(09.04.22)

2009년 당시만해도 남산관리사무소 옥상에는 정원이 있었다(09.04.22)

남사면은 벚나무와 산벚나무 꽃의 계절(91.04.18)

남사면 동쪽 하부 짙은 초록색이 소나무 집단 생육지(11.04.23)

소나무가 성근지역에 각종 활엽수 신록이 그림을 그려 냈다(09.04.22)

남사면 메타세콰이아들을 벚나무가 에워싸고 있다 (11.04.23)

메타세콰이아가 싹 틀 준비를 하고 있다(06.04.12)

드디어 메타세콰이아가 속내를 드러냈다(09.04.22)

봄의 은수원사시나무 초기 잎은 흰색(09.04.22)

새로 소나무를 식재한지 여러 해가 지난 지역(06.04.12)

가로수 벚나무꽃길이 서쪽으로 흐른다(91.04.18)

1991년 당시는 남서사면에 아카시나무숲(상부)이 뚜렷했다(91.04.18)

벚꽃 송이는 풍성해 졌고 아카시나무림은 소나무림으로 변했다(11.04.23)

안중근기념관 광장을 에워 싼 느티나무들(09.04.22)

분수광장. 정형적으로 식재한 철쭉집단이 직선적이다(09.04.22)

서울 타워 하부 느티나무동네(09.04.22)

창덕궁 후원과 종묘 숲이 봄치장을 끝냈다(09.04.22)

성동구 작은 면적의 숲이 재건축으로 고립무원 상태(09.04.22)

동에서 흘러든 한강물이 남쪽으로 방향을 틀었다(09.04.22)

용산 미군기지의 녹지가 많이 남아 있다(09.04.22)

해가 지면 사람들은 불을 키고 일상 생활을 이어간다(09.04.22)

해는 오늘도 소임을 마치고 안식처로 들어가고 있다(09.04.22)

2. 여름경관

아카시나무 잎이 덜 피었다(95.05.15)

아카시나무 꽃이 활짝 피어 삼림경관에 흰색이 많다(00.05.25)

북사면 저지대의 아카시나무 밀집지역(00.05.25)

로프웨이 종착역 부근. 느티나무 연두색 잎, 아카시나무 흰 꽃색이 두드러져 보인다(95.05.15)

여름에는 느티나무와 아카시나무 차이가 나지 않는다(16.08.27)

여름경관은 남북지역 식생구분에 별 차이가 없다(06.09.10)

신갈나무들 잎이 옅은 황색으로 가을준비를 한다(99.10.03)

국립극장 서쪽지역. 식재한 어린 소나무들이 성글게 보인다(96.07.10)

한옥마을 공사가 한창이다(95.05.15)

토목공사는 끝이 없다. 관리사무소 건물도 옮겨야 하겠다(06.09.10)

남사면 소나무가 솔잎혹파리 피해로 곤욕을 치루고 있다(95.05.15)

수원은사시나무 수관이 희게 보인다(98.08.22)

남사면은 2000년도만 해도 아카시 분포지역이 넓었다(00.05.25)

남사면 여름 소나무 색갈이 정상적이다(18.05.19)

소나무지역에 활엽수 생장이 범사롭지 않다(18.05.19)

서사면 숲에서 나무들 생장이 왕성하여 경관이 거칠다(93.10.18)

서사면 지역에 아카시나무를 벌채하고 소나무를 식재하였다(96.07.10)

거목의 가중나무(98.08.22)

북사면에서 고사된 신갈나무. 참나무 시들음병이 원인이다(18.05.19)

거목의 꽃핀 아카시나무들(18.05.19)

거목의 프라타나스가 아카시나무에 가려 있다(06.09.10)

서사면에 아카시나무가 큰 집단을 이루고 있다(00.05.25)

분수정원이 없어지고 성곽 흔적 발굴조사가 진행중(14.06.16)

메타세콰이아의 푸르름(16.08.27)

서사면의 칡군락. 타워에서 보이다니 심각한 양상이다 (16.08.27)

팔각정 주차장을 아카시나무들이 에워 싸고 있다 (00.05.25)

타워 하부 느티나무 여름 수관 모습(14.06.16)

백두대간중의 북한산에서 빠져 나온 북악산(16.08.27)

북악산과 우백호인 인왕산 사이 계곡은 서울도심의 바람길이건만(16.08.27)

용산미군기지와 남산사이에 바람길 조성이 필요하다 (16.08.27)

2006년의 여름 한강(06.09.10))

10년후에 123층 건물이 들어섰다(16.08.27)

3. 가을경관

2006년도에는 로프웨이 종착역 단풍이 매우 짙었다 (06.10.31)

2000년에는 단풍이 활력을 잃었다(00.11.01)

북사면 신갈나무 숲 단풍이 활력을 잃었다(90.10.26)

타워 하부 느티나무 단풍 색갈이 황색과 붉은 색이다 (99.10.29)

북사면 단풍은 깊었지만 계곡부 아카시나무는 초록색(00.11.01)

북사면 단풍이 절정에 달했다(00.11.01)

북사면 경관이 입체적이다(06.11.06)

지금도 이런 고운 단풍을 남산에서 볼 수 있을까(06.10.31)

신갈나무와 소나무와의 어울림(06.11.14)

신갈나무림 관목층 단풍나무가 보인다(18.10.28)

북사면 하부 식생차이는 가을에 알 수 있다. 소나무와 신갈나무(06.11.14)

완성된 한옥마을 정원을 다시 깊게 파고 있다(06.11.14)

남사면 상부지역 소나무와 신갈나무 가을경관 (06.11.14)

남사면 소나무, 신갈나무, 은수원사시나무 생육지가 두드러져 보인다(06.11.14)

가을이 되어서야 소나무림(남)과 신갈나무림(북)이 구분된다(18.10.28)

남사면에서 붉은 단풍의 산벚나무가 뚜렷하다(00.11.01)

은수원사시나무 집단 식재지가 두드러져 보인다 (06.11.14)

남사면 3주의 거목 프라타나스(06.11.14)

남산야외식물원내 은행나무, 프라타나스가 돋보인다 (06.11.14)

서사면 산벚나무, 신갈나무, 은수원사시나무가 모자이크 경관을 그려냈다(06.10.31)

남서사면 은행나무가 돋보인다(06.11.06)

거목의 팥배나무 단풍(18.10.28)

거목 메타세콰이아의 집단 조림지(18.10.28)

은수원사시나무 잎이 다 졌다(18.10.28)

칡군락이 리기테다소나무 조림지로 다가 오고 있다(18.10.28)

거목의 리기테다소나무림(18.10.28)

거목의 산벚나무 단풍 모습(18.10.28)

거목의 프라타나스도 단풍이 들기 시작했다(18.10.28)

서사면 벚나무 가로수의 이른 단풍이 도로임을 잘 일러 준다(00.11.01)

1906년의 벚나무 가로수의 단풍(06.11.06)

2018가로수 길. 아카시나무대신 식재된 소나무 증가 (18.10.28)

서사면의 식재된 소나무집단과 은수원사시나무 집단 (00.11.01)

서사면 소나무 식재지(00.11.01)

메타세콰이아가 늦게 단풍이 들었다(11.11.26)

서사면 칡이 나무를 완전히 덮었다(18.10.28)

타워 하부 성곽길의 고목 느티나무 단풍(06.11.14)

비원과 종묘 숲 단풍은 도심이라 남산보다 늦다 (06.11.14)

타워호텔 남쪽 소나무림 면적이 비교적 넓다 (06.11.14)

금호동 재개발로 녹지가 부분 부분 훼손되었다 (95.10.07)

한강의 가을 풍광(06.11.14)

대기오염이 심해 북한산이 보이지 않는다(00.10.13)

대기오염으로 63빌딩 상부만 희미하게 보인다(06.11.06)

4, 겨울경관

나무가 성글은 지역에 적설량이 많다(01.01.25)

서사면 적설 모습(01.01.25)

북사면 신갈나무림 적설상태. 사면만 적설이 보인다 (01.01.25)

남사면. 적설로 소나무 집중상태를 가늠할 수 있다 (01.01.25)

자연과 인공환경 차이가 한눈에 들어온다(01.01.25)

동북쪽. 호텔 층고가 높아 주변 경관을 압도한다. 소나무지역이 가늠된다(97.03.15)

이른 봄인지라 어린 소나무 식재지 모습이 잘 드러났다(97.03.15)

활엽수가 잠든 시기라 남사면은 소나무지역이 대부분(97.03.15)

제3부

소나무 숲

제 3 부
소나무 숲

1900년대 초에는 애국가 2절에 나오듯이 남산숲은 철갑을 두른듯한 외형이 우수한 소나무가 많이 남아 있었던 모양이다. 그러나 일제 강점기 시대에 경성신사와 조선신궁 등의 건축물을 조성할 때, 목재용으로 많은 우량한 소나무들이 베어져 나갔다. 그리고 6.25동란이후 난방과 취사용으로 많은 소나무가 없어졌다. 이 당시 수형이 좋은 소나무는 거의 베어져 나갔고, 줄기가 굽고, 수관이 난삽한 소나무만이 남게 되었다. 우리 옛말에 “못난 나무가 산을 지키고, 못난 자식이 집을 지킨다”라는 말과 같이 남산에는 불량한 수형의 소나무만이 남겨진 것이다.

1978년 수원에 소재하던 서울농대 임학과 대학원에 재학중인 필자가 동료 두명(권태호, 박인협)과 함께 지도교수의 전권을 위임받아 남산에 최초로 발을 딛게 된다.

당시 임학분야에서 통용되던, 항공사진을 기초로 한 임상도(林相圖)를 기본으로 하여 현존식생도(現存植生圖)를 작성하였다. 이것이 남산숲 현황에 대한 최초의 자료다. 작성후에 놀란 것이 남산은 소나무숲 위주라 생각했는데, 남산숲의 17.5%만이 소나무숲이라는 것이다. 소나무와 활엽수가 섞여 있는 소나무-산벚나무숲, 소나무-신갈나무숲, 소나무-아카시나무숲 등의 혼효림 면적이 9.7%로 10%에 육박하고 있었다. 신갈나무숲 16.9%, 다른 식생과 섞여 있는 혼효림이 3.32%이었다. 아카시나무림이 전체의 27.84%, 아카시나무와 팥배나무, 산벚나무 등이 섞여 있는 혼효림이 2.09%, 아카시나무와 물오리나무 혼효림이 2.70%이었다.

그러니까 1978년 당시 식생분포에서 1위 아카시나무림, 2위 소나무림, 3위 신갈나무림의 면적 순서이었다. 남산에 1970년대에 아카시나무와 물오리나무가 상당하게 사방수목으로 식재되었다. 조선조부터 북사면 능선부 위주로 소나무가 많이 자라고 있었으나 일제 강점기와 6.25동란을 겪으면서 많은 소나무가 이곳에서도 베어져 나갔고, 대신 자연스럽게 신갈나무숲으로 대체된 것이다. 남사면 소나무숲은 그 명맥을 유지하여, 남사면 일부 지역과 장충약수터 주변에 소나무숲이 1978년에도 자리를 잡고 있었다. 당시는 남산은 소나무위주인 숲이 아니라 아카시나무, 신갈나무, 소나무가 공존하는 숲이었다.

1978년 당시 남산조사를 해야 되는데, 생태적 기법을 알지 못했다. 조림학원론 교과서에 산림조사 기법으로 트란섹트와 방형구법이 있다는 항목을 보고 라인 트란섹트(Line Transect) 기법으로 조사하기로 하였다. 두 조사방법을 경험한 일이 없어 트란섹트 방법이 방형구 방법보다 수월할 것으로 생각되어 이 방법으로 남산숲을 조사하였다. 그리고 결과도출에 있어 빈도(頻度; Frequency) 값을 구하는 것이 수월할 것 같아 채택한 것이다. 빈도는 전체 조사구중 특정한 수종이 조사구에서 몇 번 나타났는지를 상대값으로 측정하는 것이다. 그런데 라인 트란섹트 방법은 폭이 좁은 대신, 길이가 길어야 한다. 우리는 남산에서 폭 5m, 길이 50m의 트란섹트를 설치하고 결과를 상대 빈도로 도출하는 계획을 세운 것이다. 나무가 우거진 숲속에서 길이 50m 거리를 줄자로 표시하고 이 안에서 자라는 나무의 위치, 크기(수관 넓이, 흉고 직경)을 조사하였다. 당시 소나무숲 일부에서도 위치, 크기를 상세하게 조사하였다. 그런데 남사면 소나무숲의 트란섹트 설치가 상당히 힘들었다. 당시 소나무들은 낙엽활엽수들과 경쟁하는 난삽한 숲이었다. 특히 소나무–아카시나무숲, 소나무–산벚나무숲 등이 매우 복잡한 숲으로 조사시 한치 앞을 내다 보기 힘들었다.

당시 소나무숲을 조사하여 남산을 대표할 소나무 7주를 선발하였다. 4주는 남사면, 1주는 미통신대 동쪽, 2주는 장충약수터 인근에서 선정하였다. 7주 평균 수령은 80년 정도(수령범위 55~109년), 평균 수고 14.8m(12.8~16.3m), 흉고직경 28.8cm(24. 2~31.6cm), 통직성에서 통직 5주, 약간 통직 2주이었는데 선발시 통직성에 초점을 맞추었다. 수관 넓이가 대개 12m로 매우 넓었다. 줄기 색은 적갈색은 없었고, 대체로 회갈색 계통이었다. 소나무 형질에 주요한 요소는 줄기의 통직성, 수관폭의 넓이, 수피색갈이다. 줄기가 통직하고, 수관폭이 좁고, 수피색갈이 적갈색일수록 좋은 소나무로 취급한다. 1991~2000년사이에 소나무 18,295주를 심었으며, 이 나무들을 살펴 보았는데, 우량 소나무가 별로 없어 시장에서 손 쉽게 구한 소나무를 식재한 것이다. 10년 노력이 헛된 공적이 되었다.

2010년대에 들어와 남산에서 자라는 소나무에서 종자를 채취하거나, 가지 일부를 조직배양으로 묘목을 키워 식재하였다고 한다. 불량집단 소나무숲에서 모수가 과연 우량한 묘목을 생산해낼 수 있을는지 의심이 든다. 중부지방 우량한 소나무숲에서 모수를 선정했어야 한다. 남산 소나무 유전자 검사를 하니까 남산 소나무 고유 유전자가 존재하지 않는다고 하였다. 기록에 있는대로 1411년(태종 11년)에 소나무를 식재할 때 전국에서 양묘한 소나무가 식재되었던 것이다. 소나무 식재 후 10~20년은 지나야 우량 소나무 여부를 가늠할 수 있을 것이다.

조림지에서 묘목을 식재한 지역은 2~3년동안 소나무 이외의 관목과 풀을 제거하는 작업을 보통 연 1~2회 실시한다. 제거 대상식물들은 현장에서 자생하는 식물들이 많다. 묘목인 소나무를 식재하고, 목재를 생산할 나무로 키우기 의해, 경쟁이 될 다른 나무와 풀을 베어내는 하예작업을 실시하는 것이 임업경영의 한 방법이다. 그러나 남산은 생물다양성이 강조되는 자연공원이기에 이런 하예작업은 실행하기가 곤란하다. 이럴 경우 소나무 묘목을 포트묘로 키워 6~8년생 나무를 심어 다른 관목과 풀들과 공존할 수 있게 하여 생물다양성을 높여만 한다. 남산의 많은 지역이 국유림이라고 목재 생산 수법인 삼림경영 방법으로 소나무를 키우고 있는 것이다. 남산은 목재 생산을 하는 숲이 아니고 도시의 경관을 양호하게 하는 숲이다. 국유림은 지역 특성에 따라 가꾸어야 하기에 이에 맞는 삼림관리를 해야한다. 서울시 공무원은 도시숲의 관리방법에 따라 할 수 있게 산림청 관계법률을 바꾸도록 노력해야 한다. 강원도나 서울시나 숲 관리 방법이 같을 수가 있는가.

1978년 당시 남사면 소나무숲에 솔잎혹파리에 감염되어 방재에도 별 효과가 없자 소나무가 죽게 되면 곰솔(해송; 海松)을 식재할 계획을 관리사무소측이 갖고 있었다. 솔잎혹파리에 의한 피해는 돌림병 같아 몇 년 힘든 시기가 지나면 새롭게 잎이 나는 등, 새롭게 출발한다. 지속적으로 관찰하면서 어떤 방재가 좋은지를 택해야할 것이다. 1978년이후 소나무 건강상태가 양호해져 곰솔로 대치되는 일이 없었기에 얼마나 다행인지 모르겠다.

숲의 구조를 조사분석하기 위해 1986년부터 현재까지 방형구(Quadrat) 조사법을 채택하였다. 20mx20m의 방형구를 설정하고, 이 안에 서 있는 나무를 교목층, 아교목층, 관목층으로 나누어 조사하였다. 교목과 아교목층은 모든 수목 흉고직경을, 관목층은 조사구 크기를 5mx5m로 하여 생육하고 있는 나무들 모든 개체수와 수관면적을 조사한다. 수관층별로 빈도, 밀도, 피도를 상대값으로 계산, 수고를 고려하여 수종별, 층위별 상대우점치(相對優點値, Importance Values; I.V.)를 계산 비교한다. 초기에는 계산기를 이용, 계산을 하였으나 최근에는 컴퓨터 프로그램을 이용, 빠르게 계산할 수 있다.

1978년에 상대빈도가 31~40%인 수목 종류는 노간주나무, 물오리나무, 물푸레나무, 41~50%인 수종은 산벚나무, 아카시나무, 노린재나무, 51~60%인 수종은 소나무, 신갈나무, 참싸리, 산초나무, 때죽나무, 61~70%는 팥배나무, 벚나무, 진달래, 71%이상인 나무는 국수나무이었다. 2015년에는 31~50%인 수종은 목련, 생강나무, 찔레나무, 노린재나무, 청미래덩굴, 누리장나무, 참오동나무, 때죽나무, 딱총나무, 51~70%인 나무는 산뽕나무, 팥배나무, 개옻나무, 음나무, 두릅나무, 물푸레나무, 쥐똥나무, 조록싸리, 당단풍이었다. 71~90%인 수종은 산초나무, 단풍나무, 덜꿩나무, 가중나무, 91~100%인 수종은 국수나무, 산딸기, 때죽나무, 작살나무이었다. 1978년과 2015년의 37년간 수종의 빈도변화가 뚜렷했다. 국수나무만이 빈도 70%를 넘는 수종으로 변화가 없었다.

1978년에 빈도가 30%이상이던 수종이 노간주나무, 물오리나무와 60%이상이던 진달래가 2015년에는 거의 10%미만으로 떨어져 존재감이 사라졌다. 대기오염 및 산성비 영향도 있지만, 37년동안 숲의 생태적 천이도 영향을 받았을 것이다. 2015년에 와서 빈도가 높아진 자생수종은 찔레, 산뽕나무, 개옻나무, 음나무, 두릅나무, 단풍나무, 덜꿩나무, 누리장나무로서 산성토양에 적응된 수종이다. 외래종으로는 일본목련, 참오동, 가중나무로서 이들의 세력확장에 관심을 집중해야할 필요가 있다.

상대우점치에 의한 조사결과도 비슷하였다. 방형구법에 의한 결과이다. 1986년 관목층 상대우점치(I.V.) 값이 31~60%인 수종이 팥배나무, 때죽나무, 국수나무이었고, 11~30%인 수종은 단풍나무, 음나무, 진달래, 산초나무, 두릅나무, 노린재나무, 청가시덩굴, 담쟁이, 산딸기이었다. 2015년 관목층의 I.V.값이 31~60%인 수종은 국수나무, 11~30%인 수종은 팥배나무, 산딸기, 칡, 산초나무, 당단풍나무, 때죽나무, 작살나무, 누리장나무, 덜꿩나무, 가중나무이었다. 산성토양이나, 생태적 천이에 살아남지 못한 종은 적은 수의 개체가 남았거나, 없어진 것이다. 30여년동안 관목 수종이 바뀐 것이다.

1990년에 소나무림에 10mx10m 조사구 12개를 설치하고, 10년간 계속적으로 관리하여 동일한 조사구에서 2000년에 조사하였다. 좀 우직하고 바보같은 짓이지만 시간변화에 따른 조사결과가 중요하다고 생각되어 현장에서 실행한 것이다. 보통 30년은 흘러야 의미있는 결과를 얻을 수 있으니, 생태조사는 대를 이어 해야한다.

10년간 사라진 수종은 산딸기, 찔레꽃, 조록싸리, 산초나무, 붉나무, 작살나무이었고, 세력이 감소한 나무는 참싸리이었다. 세력이 증가한 수종은 노간주나무, 국수나무, 팥배나무, 가중나무, 개옻나무, 노린재나무, 때죽나무(5.3% → 20.6%)이었고, 새롭게 출현한 종은 아그배나무, 단풍나무, 보리수나무이었다. 앞의 두 자료(①1978년과 2015년의 상대빈도 비교, ②1986년과 2015년의 관목층 I.V. 비교)는 광의적이고, 뒤의 자료(1990년과 2000년의 고정 조사구 자료)는 구체적이지만 지엽적이다. 토양산도는 소나무림에서 '86년 PH 4.5, 2000년 PH 4.29로 산성도가 심해졌다.

1. '86~'95년 소나무 숲

남사면에 소나무가 많다지만 활엽수가 더 많이 보인다(91.04.18)

소나무들이 어리지만 활력이 있어 보인다(86.06.06)

소나무 자연림 모습. 못생긴 나무가 산을 지킨다(90.10.27)

90년대 소나무숲의 모습. 그런대로 자연림을 구성을 하고 있다(90.11.07)

1990년대에 장령급에 해당하는 소나무숲(90.10.26)

나이는 어리지만 줄기가 굽지 않은 소나무숲(90.10.26)

1978년도에 노령 소나무 7주 선정. 당시 수령은 55~109년생(86.04.19)

아카시나무들 등살에도 살아 남은 소나무(90.10.26)

소나무에 관한 해설 간판. 지금은 볼 수가 없다(90.10.27)

어린 소나무들 줄기가 너무 심하게 굽었다(90.10.27)

남산 제 모습 찾기 이후 식재된 중형 소나무(90.11.07)

자생하는 소나무군집은 거의 활엽수들에 시달리고 있었다(90.11.07)

조각 작품으로 만든 것 같은 소나무 줄기(90.11.07)

수관이 한 쪽으로만 편중되었다(95.02.04)

우듬지가 정상적인 소나무가 식재되었다(86.04.02)

성벽을 따라 식재한 소나무(90.11.07)

아카시나무를 베어내고 식재한 소나무(91.04.18)

숲속에 큰 소나무를 식재하였다(94.11.01)

아카시나무 대신 식재한 소나무들이 우량한 소나무로 자라 나야 할텐데(90.11.07)

소나무숲에 나타나기 시작한 서양등골나물 꽃이 피었다 (93.10.11)

2. '96~'05년 소나무 숲

남사면의 소나무군락(00.9.19)

2005년도 소나무림 분포도. 주로 남동과 북동쪽에 분포(이경재 등,2005)

건강 상태가 좋지 않은 소나무 숲을 조사하고 있는 연구실 연구원들(98.10.11)

잘 관리 된 소나무숲(99.06.06)

불량한 수형의 소나무가 높은 밀도로 자라고 있다(00.10.03)

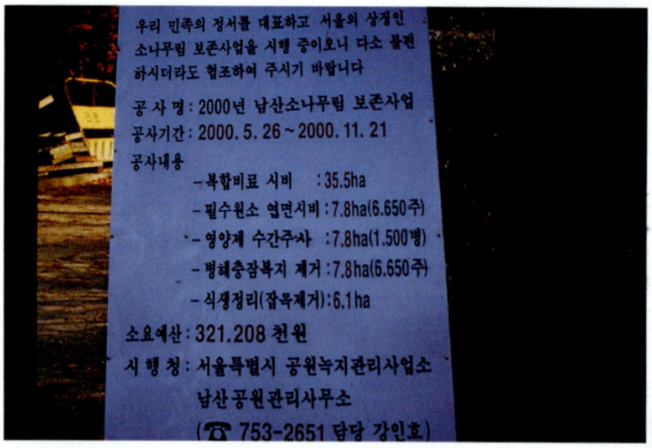

2000년도에 비료 살포, 가지치기를 수복천 입구지역에서 실시(00.11.01)

관리작업을 한 소나무숲의 겨울 모습. 을씨년스럽다(01.01.25)

가지치기 등의 작업을 실시하고 있다(00.11.01)

밀식 소나무숲 관목층에 국수나무가 가득하다(90.10.27)

소나무밑에 팥배나무가 크게 자라고 있다(05.10.30)

뒤편에 있는 나무들이 올바르게 자라 앞쪽 큰나무처럼 자랐을까(05.10.30)

산벚나무들이 소나무를 완전하게 눌러 버렸다(05.10.31)

다행스럽게 줄기 색이 붉고, 수피가 얇은 소나무가 남아있다(99.06.26)

이런 대형 소나무군락도 있었다(05.10.30)

1978년에 수령 74년이었던 소나무 보호수.(00.10.01)

남산에서는 거의 볼 수 없는 줄기가 곧은 소나무
(99.06.27)

굽은 소나무들 연조가 계속 쌓여만 간다(00.11.01)

어린 소나무가 우듬지가 없어 치명적이다(00.09.15)

일어나 몸을 지탱할 수 없을 정도로 줄기가 굽었다
(05.10.30)

식재한 소나무는 세월이 흐름에 따라 자꾸 커 간다(05.10.31)

중형 소나무를 심었건만 우듬지가 없다. 이제부터 기형으로 자랄게다(99.06.06)

빽빽하게 심은 나무는 몇년뒤 솎아 내는 것이 필연. 현실적으로는 곤란(99.06.26)

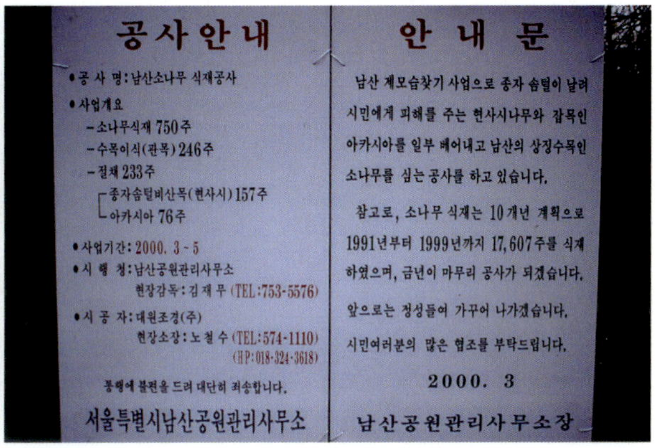

2000년에 아카시나무, 현사시를 베고, 소나무 750주를 심었다함(00.04.01)

야외식물원에 전국 소나무를 식재한 지역(00.10.06)

전국 소나무로는 걸맞지 않은 소나무가 많다(01.01.25)

식재한 소나무가 제대로 관리 되지 못하고 있다(05.10.31)

소나무숲속에 어린 가중나무가 자라고 있다(99.06.27)

키가 커진 가중나무. 중국 원산 귀화식물로 번식속도가 빠르다(00.09.15)

꽃 핀 서양등골나물. 미국 원산인 귀화식물로 번식 속도가 빠르다(00.10.03)

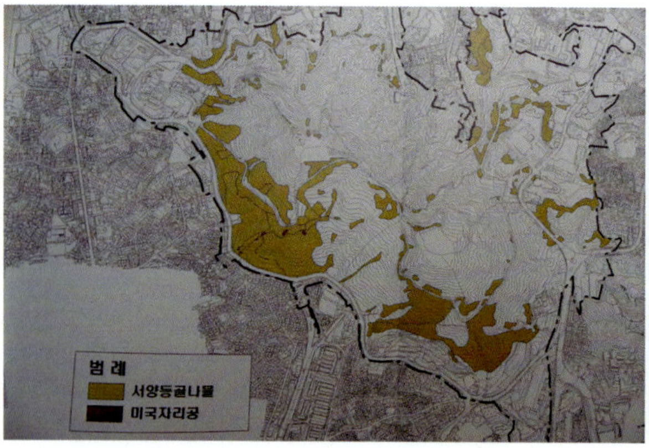

2005년도 서양등골나물은 남쪽에 집중되어 있었다(이경재 등,2005)

잣나무 식재지. 한때 소나무가 병충해로 피해를 입자 대체 수종으로 등장(00.10.13)

리기다소나무림 관목층에 단풍나무가 많아 지켜볼 일이다(05.10.31)

3. '06~'15년 소나무 숲

4월이라 활엽수 개엽이 되지 않아 소나무 일색인 남사면(06.04.12)

가을이면 남북 식생차이를 한눈에 알 수 있다. 남 소나무 군락, 북 신갈군락(07.11.17)

봄이면 식재된 벚나무 꽃으로 도로 형상이 들어난다 (06.04.05)

남산에도 수형이 어느 정도 양호한 소나무군락도 있다 (12.09.28)

수피가 붉고 얇으나 줄기가 곧지 못한 것이 흠이다(06.05.23)

남산의 대표적인 소나무림. 관목 식생이 정상으로 형성되어 있다(13.05.15)

남산 고유 소나무숲 탐방로 입구(06.04.15)

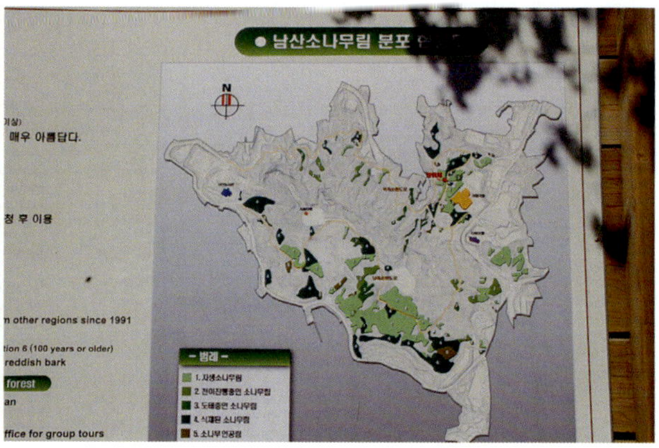

당시 남산 소나무림은 전체의 17%정도. 주로 남동쪽에 집중해 있다(06.04.15)

소나무 탐방로 입구에는 나무데크형의 휴식터도 있음(12.10.03)

줄기가 통직한 소나무가 남산을 대표해야 한다(09.04.05)

2011년 당시 수령 140년된 소나무 줄기. 거북등 모양이어서 상서로운 나무로 여김(11.11.26)

대경목 소나무밑에 식재된 소나무가 보인다(12.11.08)

대경목 소나무 군락(07.04.07)

소나무 줄기에 올라있는 청솔모(09.04.05)

건전한 소나무라면 수관폭이 좁다(07.04.07)

수관이 한쪽으로 치우쳐 있다(12.10.03)

줄기가 곧은 소나무숲(08.11.16)

줄기가 제멋대로 굽은 소나무들(12.10.14)

줄기가 이렇게 굽는 것은 우듬지가 상처를 입었기 때문이다(12.10.21)

이런 줄기가 휜 나무는 남산을 대표할 수 없다(12.10.14)

새로 식재한 어린 소나무. 우듬지가 대부분 살아있다(12.11.08)

소나무숲에는 반드시 경쟁상대인 활엽수가 자라난다(12.10.03)

큰 소나무인데 우듬지가 남아있다. 1년에 한마디씩 자란다(12.10.21)

우듬지가 짤린채 자라나 줄기가 둘로 갈라졌다(12.10.21)

새총으로나 쓸 수 밖에 없는 소나무 형상(12.09.28)

2006년만 해도 소나무숲의 관목층은 복잡하지 않았다(06.04.15)

지금은 남산에서 거의 사라진 진달래(09.04.05)

누리장나무가 소나무 숲 관목층을 완전하게 장악했다(12.09.28)

환삼덩굴이 소나무 줄기를 오르고 있다(12.10.03)

서양등골나물이 지피식물로 형성되었다(12.10.03)

칡이 소나무 줄기를 오르고 있다(12.10.21)

단풍나무들이 리기다소나무숲 관목층을 덮었다(12.05.19)

리기다소나무와 단풍나무 연결고리는 산성토양(12.11.08)

단풍나무가 자라나 아교목층까지 점령할 태세(12.11.08)

4. '16~'18년 소나무 숲

남사면 소나무림. 과거보다 줄어들지는 않은 것 같다 (18.05.19)

산벚나무 붉은 단풍이 소나무림과 조화를 이룬다 (18.10.28)

대경목의 소나무를 이제는 흔하게 만날 수 있다 (17.10.05)

남산 둘레길까지 생길 정도로 걷은 사람들이 많아졌다 (17.10.05)

소나무림 밀도가 높아 굵어지지가 않는다(18.11.12)

이런 시설까지 원하는 사람들이 있나 보다(18.10.29)

소나무림 관목층에 국수나무 세력이 절대적이다 (18.11.12)

수피가 유난히 붉은 개체들이다(18.10.28)

소나무들이 멋대로 가지가 자라나 폭력적이다 (18.10.28)

소나무숲에도 단풍나무 침투가 깊숙히 이루어졌다 (18.11.12)

줄기가 곧은 대경목 소나무(17.10.05)

줄기의 붉은 색이 밑으로 많이 내려올 수록 양호한 소나무(17.10.06)

보기드물게 줄기가 통직한 소나무(17.10.06)

소나무가 재선충 예방주사에 취했는지 나무들이 누우려 한다(18.10.28)

조각품과 같이 생겨 수형이 이상스런 소나무(18.10.28)

두 큰 소나무가 등을 돌리고 있다(18.11.12)

소나무 가지가 X자 형태로 굽어 있다(17.10.06)

소나무 관목층에 단풍나무가 가득하다(18.10.28)

서로 사랑을 고백하는 두 소나무(18.10.28)

우듬지가 사라져 춤추는 학이 되었다(18.10.28)

우듬지가 사라져 토끼귀가 되었다(18.10.28)

씨름 놀이 형상을 하고 있는 소나무(18.10.28)

남산 소나무라고 할 수 있을까(18.10.28)

제멋대로 줄기가 굽은 소나무 집단(18.11.12)

십자가 형상의 소나무(18.10.28)

1990년대 식재된 소나무가 많이 컸다(17.10.05)

붉은 수피가 거의 줄기 밑부분까지 내려왔다(18.11.12)

새로 식재한 어린 소나무로 우듬지가 살아있다(17.10.05)

초등하교 환경미화도 아니고 소나무식재지에 맥문동을 심을 수 있을까(18.10.28)

식재한 맥문동. 남산 자생식물이 아니다(18.11.12)

소나무숲에서 흔하게 볼 수 있는 국수나무. 신갈나무 숲에서는 드물다(18.11.12)

성벽밑 식재한 소나무숲에 옥잠화까지 심었다(18.11.12)

리기다소나무숲의 단풍나무. 많다는 수준울 벗어났다 (17.10.05)

서양등골나물꽃이 싱싱하다(17.10.05)

소나무숲에서 자라는 누리장나무 열매. 터를 잡을 모양이다(17.10.05)

소나무와 산벚나무가 키재기를 하고 있다(17.10.05)

미국자리공이 집단을 이루고 있다. 미국이 원산지인 귀화식물(17.10.06)

아교목층까지 자라난 때죽나무(17.10.06)

소나무보다 산벚나무가 절대적이다. 소나무가 살아 남을 수 있을까(17.10.06)

소나무림 관목층에 수고 2~3m가 되는 때죽나무가 주를 이룸(18.10.28)

리기테다소나무 모습. 리기다소나무와 테다소나무와의 교잡종(18.10.28)

길옆 국수나무로부터 탐방객들은 환영인사를 받는다(18.10.28)

키가 4~5m나 되는 때죽나무. 집단생활을 하고 있다(18.10.28)

어린 음나무. 북사면에서는 큰 나무를 볼 수 있다(18.10.28)

어린 잣나무. 다람쥐가 심었을까(18.10.28)

소나무숲속에서 단풍나무가 흔히 발견되었다(18.10.28)

산벚나무의 생장이 왕성하다(18.11.12)

대형 산벚나무의 뿌리목 모습(18.11.12)

서양등골나물은 국화과 식물로 종자가 많이 달린다 (18.11.12)

팔도소나무림. 줄기가 통직하지 못한 개체도 끼어 있다 (17.10.06)

남사면 곳곳에 이런 대형 벚나무류가 살고 있다 (18.11.12)

팔도소나무라면서 소나무 특징인 우듬지는 모두 사라졌다 (17.10.06)

제4부

신갈나무 숲

제 4 부
신갈나무 숲

1978년 여름 북사면 신갈나무숲은 청정함 그 자체이었다. 숲의 구조를 조사하러 신갈나무숲을 기웃거리면 맑은 시내물이 반기고, 케이블카 종점인근에는 누군가 사용하는 간이 목욕탕까지 있었다. 맑은 물이 풍부하여 걷다가 손을 씻기도 하고, 그 물을 마시기도 하였다. 당시까지는 우리나라 삼림을 많이 답사하지는 않았지만 강원도 신갈나무숲과 별 차이가 없는 듯 하였다.

1990년대 들어서면서 신갈나무 뿌리에서 맹아가 많이 발생한 개체가 보였고, 가지끝이 말라죽는 현상이 종종 발견되어 신갈나무 쇠퇴를 예감하였다. 우리나라에서는 성남에서 2004년 8월에 최초로 발견된 참나무시들음병이 남산을 피해가지는 않았다. 2008년 9월 남산에서는 최초로 발견되었다. 2008년부터 2014년까지 집중 방제를 하였으나 효과는 미약하였다. 생태경관보전지역으로 지정된 705,101m^{2}의 면적중 2009년 현재 피해가 심한 72,000m^{2}에 대하여 감염된 참나무류를 2013년까지 6,826주를 베어, 많은 나무를 현장에서 훈증처리를 한뒤 비닐로 씌워 참나무 공동묘지를 만들었다. 남산 북사면 참나무류의 60%가 피해를 입었으며 2014년이후에는 대량 벌채는 하지 않을 정도로 진정되었다.

1978년 신갈나무숲을 조사한뒤, 남산숲을 잘 보호하면 참나무류가 번성하게 될 것이며, 토양 보습성도 계속 나아지고, 음지식물인 서어나무, 물푸레나무, 층층나무 등이 자라나 안정상태의 숲으로 생태적인 천이가 진행될 것으로 결론을 내렸다. 그러나 30년이 지나면서 신갈나무숲은 참화를 입은 것이다. 현재로는 신갈나무숲의 목적지가 어디일지 가늠하기가 힘들다.

일본삼림총합연구소 관서지소에서 발행(2010년)한 참나무시들음병에 대한 보고서 내용을 요약하였다. 일본에서는 1970년대 후반부터 참나무시들음병이 발생하여 2005년 약 2천ha로 정점을 찍었고, 그후도 매년 1천ha씩 피해를 입는다고 한다. 주된 피해지는 혼슈(本州) 서쪽 바다(우리의 동해)를 면하고 있는 토치키(島取)현에서 아키다(秋田)현까지에 집중 발생되었다고 한다. 발생기작은 참나무풍뎅이가 참나무 줄기를 뚫고 들어 가면, 풍뎅이 배에 있는 포자저장관에 살고 있는 공생균이 나와 참나무도관을 막아 뿌리에서 상부로 이동하는 물이동을 차단하여, 여름 더운철에 증산작용을 제대로 하지 못해 참나무가 말라 죽는 병이다. 대체로 50년생 신갈나무숲이 시들음병이 심하다고 한다.

1978년 북사면의 신갈나무, 갈참나무, 팥배나무, 산벚나무 등의 수고는 6~10m, 흉고직경은 11~20cm정도 이었다. 당시 북사면 주수종은 신갈나무, 음나무, 물푸레나무, 물오리나무, 팥배나무 등으로 남산에서 가장 식생상태가 양호한 지역이었다. 임경빈 선생님(1978년)은 북사면에 팥배나무가 많아 늦가을이면 낙엽진 가지에 열매가 많이 달려 붉은 구름을 형성하며, 남산의 경관을 아름답게 하는 수목으로 추천하셨다. 지금에 와서는 필자는 팥배나무가 너무 많이 번져 나가는 것을 걱정해야만 하니, 40년간 변화는 상당하기만 하다.

1986년의 신갈나무숲 면적은 641,953m²로 전체 산림면적의 22.3%, 2012년에는 664,750m²로 22.4%이었다. 북사면 신갈나무숲은 2006년 7월에 서울시 생태경관보전지역으로 지정하였고, 그 면적은 360,529m²이다. 2007년 12월에는 남사면 소나무림으로 확대 지정한바 그 면적은 344,572m²이었다. 두 지역 면적은 707,587m²으로서 남산숲 면적의 34%에 해당된다.

신갈나무숲에 1990년에 고정 조사구를 설정, 2000년도에 조사하여 자료를 얻었다. 관목층에서 세력이 증가한 종은 국수나무, 팥배나무, 당단풍이었고, 세력이 약해진 종은 개옻나무, 다릅나무, 진달래, 때죽나무, 없어진 나무는 노린재나무, 새롭게 등장한 나무는 덜꿩나무이었다. 다릅나무는 콩과식물로 언뜻 보기에는 회화나무 같아 보인다. 낙엽수로서 작은 잎이 7~13개 달리는 복엽이며, 흰꽃이 피고, 황갈색의 수피가 벗겨져 말리는 특징이 있어 쉽게 판별된다. 우리나라 전국에 자생하는데 이제는 남산숲에서 보기 드물어 아쉽다.

아울러 '94~'05년간의 고정조사구 내용이다. 단위면적은 1,200m². '94년과 '05년 조사내용을 비교하였다. 세력이 강해진 수종은 때죽나무, 아그배, 단풍나무, 작살나무, 졸참나무, 찔레이었다. 약해진 수종은 국수나무, 산초나무, 작살나무이었고, 사라진 수종은 물오리나무, 개옻나무, 붉나무, 산초나무, 신나무, 참개암 등이었다. 새롭게 나타난 종은 노무라단풍, 산딸기, 산철쭉, 일본목련, 쥐똥나무이었다. 20년동안 토양이 건조해지고, 산성화가 진전되면서 저항성이 강한 수종들만 남아 점점 숲이 단순화되고 있다.

참나무시들음병에 의한 조사구내 수종변화도 관찰할 수 있었다. 2005년에 설정한 조사구내 신갈나무가 시들음병에 감염되어 식생구조가 변한 조사구이었다. 단위면적은 1,200m²이었고, 2011년에 조사되었다. 2005년 교목층 신갈나무 41개체가 2011년에는 12주가 줄어든 29개체이었다. 아교목층 신갈나무도 4주에서 1주로 줄었다. 반면에 관목층은 2005년 164주에서 2011년 612주로 늘어 났다. 베어진 신갈나무에서 맹아가 상당하게 자랐기 때문이었다. 참나무시들음병에 걸린 참나무에서 발생된 맹아가 자란 나무들의 생존률이 별로 높지 않은 것으로 알려져 있다.

참나무시들음병 피해 조사구에서 7년간 조사결과, 관목층에서 사라진 수종은 생강나무, 개옻나무, 참회나무, 쥐똥나무이었다. 세력이 약해진 수종은 산벚나무, 덜꿩나무, 진달래이었다. 반면에 세력이 강해진 나무는 팥배나무, 때죽나무, 당단풍나무이었고, 새롭게 나타난 수종은 가중나무, 일본목련, 참오동나무로 모두 외래종이다. 교목층 여러 주가 베어나가 광량이 관목층에 더 많이 전달되었고, 토양은 더 건조해져 귀화식물이 쉽게 정착했을 것이다. 조사구내 전체 개체수는 '05년 1,433주, '11년 1,413주로 약간 줄었다. 그러나 신갈나무의 맹아수를 제외하면, '05년 1,269주에서 '11년 801주로 크게 감소하였다.

2006년 남산 신갈나무숲과 오대산 진고개 넘어 6번도로가 통과하는 해발 600m 되는 지역 신갈나무숲의 맹아발생 수를 비교하였다. 남산 400m^2 조사구에서 맹아가 31개이상 발생한 개체 1.2%, 6~30개 맹아가 발생한 개체는 12.9%, 1~5개 맹아발생 개체수는 9.6%이었다. 반면에 오대산 조사구에서는 맹아가 6개이상 발생한 개체는 없었고, 1~5주 맹아발생 개체수는 3.6%이었다. 맹아가 발생되지 않은 개체수는 남산 76.3%, 오대산 96.4%로 큰 차이가 있었다. 맹아발생은 열악한 환경에서도 살아나려는 의지 표현으로 좋은 결과가 있어야 되는데... 앞으로 참나무시들음병으로 베어낸 참나무림 지역을 계속 관찰하여 관리방향이 심도있게 계획되고 실행되어야 할 것이다.

최근들어 남산 북사면에서 팥배나무와 단풍나무 세력이 계속 커지고 있다. 초여름 하얀 꽃이 핀 팥배나무가 신갈나무숲을 모자이크 형상으로 수를 놓고 있고, 가을이면 팥배나무의 누런 잎과 붉은 열매, 더불어 단풍나무도 붉은 단풍공간이 계속 늘어나고 있다. 탐방 시민들은 가을 단풍의 아름다움에 찬사를 보내고 있다. 1920년대 수원고농학교(水原高農學校) 교수이었던 일본인 우에키(植木) 교수는 조선반도숲에서 팥배나무가 집단을 이루면 삼림이 정상이 아니며 퇴행되고 있는 징조라고 하였다. 필자도 1980년이후 수도권 몇 곳에서 팥배나무숲을 관찰한 적이 있다.

팥배나무집단은 밀도가 높아 다른 식물이 함께 살기가 힘들다. 팥배나무들은 자기들 이외의 생물들을 적으로 취급하여 항생물질을 분비하는데 이런현상을 타감작용(他感作用; Allelopathy)이라 하며, 이런 종류 식물이 삼나무, 전나무 등도 포함된다. 그러기에 팥배나무숲의 생물다양성이 매우 낮다. 정도는 심하지는 않지만, 남산에서 많이 볼 수 있는 때죽나무, 단풍나무도 타감작용을 갖고 있다. 그런데 남산 신갈나무숲에 이런 수종이 계속 늘어 나고 있다. 팥배나무와 단풍나무들이 계속 늘어나 가을 경관은 아름다울지 몰라도 종다양성이 낮아, 안정성이 낮기에 여러 재해에 취약한 숲으로 변화될 것이다.

2015년 조사자료에 의하면, 신갈나무 수령은 50~80년, 팥배나무 60~80년, 당단풍 30~55년, 때죽나무 20~30년, 칠엽수 40~50년생의 나무들이 주를 이루고 있었다.

팔각정 주차장에서 팔각정에 오르는 산책로 초입에 왼쪽 화장실을 지나면, 어러 주의 40~50년생 칠엽수를 만난다. 본 수종은 과거 40여년 전에 식재하였을 것이다. 최근 10여년전부터 종자인 말밤이 떨어져 발아된 어린 나무들이 무성하게 자라고 있다. 숲내부로 확산될 조짐이 있는데, 어린 나무들 키가 최근 3~4m에 이른다. 남산에 이와같이 칠엽수가 식재된 지역이 이곳을 포함 세 곳이 있다. 모두 어린 나무들이 부모곁을 떠나 숲으로 향하고 있다. 우리나라에 식재된 칠엽수는 일본 중부이북에 자생하고 있다. 잎과 꽃이 아름다운 조경수인데, 남산숲에 식재되어 숲내로 확산될 것을 걱정하게된 것이다.

숲을 구성하고 있는 식물중 환경변화에 민감한 종류들은 자생 초본식물들이다. 구체적인 분포면적을 계량화하기 어려워 도면에 표시한후 실내에서 면적을 구하였다. 2008년 조사에 의하면 애기나리 군락 48,388m², 큰애기나리군락 1,642m², 둥굴레 1m² 등인데 2005년에 비해 애기나리 면적은 늘었고, 큰애기나리 면적은 ⅓로 감소, 둥굴레는 124m²에서 1m²로 줄어, 얼마 가지 않아 남산에서 둥굴레를 볼 수 없게 될 것이다. 습지식물인 물봉선은 2005년이후에 남산에서 보이지 않는다. 북사면이 점차 말라가고 있다는 증거이다. 2008년 현재 남산에 대사초(4개소) 분포면적 31m², 고사리류(5개소) 2,538m², 고사리와 애기나리가 함께 생육하는 장소가 2개소에 1,138m²이었다. 대사초와 고사리 분포면적이 크게 줄고 있다.

남산 자생초본식물 생육지를 점점 귀화식물들이 차지하고 있다. 남산의 대표적인 귀화식물 분포면적은 2014년 서양등골나물 12,390m², 미국자리공 6,876m², 단풍잎돼지풀 19,895m²이었다 최근 서양등골나물 면적은 줄어 들고 있으나, 단풍잎돼지풀 면적은 확대되고 있다.

외래 목본식물은 2014년 현재 가중나무 성목 114주, 어린나무 216주, 오동나무 성목 46주, 어린나무 68주, 일본목련 성목 12주, 어린나무 19주, 양버즘나무 어린나무 18주, 칠엽수 어린나무 124주, 이태리포플러 14주 등이 관찰되었다(노태환,2015).

가중나무는 소태나무과로 중국이 원산지이며, 전 세계적으로 도시마다 볼 수 있다. 필자 경험상, 영국 런던, 프랑스 파리, 독일 베를린, 후랑크후루트, 미국 뉴욕, 일본 토쿄, 오사카 등 대도시에서 흔히 만날 수 있는 국제적인 수종이 되었다. 도심열섬화가 심한 지역은 모두 찾아간다. 우리나라에서도 전국 모든 곳에서 심지도 않았는데, 저절로 자라는 수종이다. 우리가 가로수(서울 서초구 잠원로 등)와 조경수로 많은 곳에 식재하여 전국적으로 퍼져 나간 것이다. 이 나무는 생활력이 강해 도심지 좁은 가로녹지, 자투리땅, 하천제방 콘크리트 블럭 사이, 고속도로 절개면의 법면 등지에서 잘 자라 우리에게 친숙한 나무이다. 이 나무는 암수가 구분되어 있는데, 암나무는 수 천개의 날개 달린 종자가 달리고, 익으면 멀리 이동이 가능하다.

한때 성목의 가중나무 줄기 수액을 빨아먹는 주홍날개매미충이 많이 공생하였다. 이 곤충은 수액을 빨아 들인후 시커먼 물질을 배출하면 인근 나뭇잎에 쌓여 잎이 시커멓게 되어 문제가 되기도 하였다.

재배종인 오동나무에 반하여, 산야에서 자라는 나무를 참오동나무라 부른다. 요사이는 오동나무 재배를 거의 하지 않아 구분하지 않기도 한다. 오동나무는 울릉도가 원산지로 온대 중부이남 따뜻한 곳에 재배하였는데, 최근에는 기후온난화와 도심열섬화로 고속도로 절개면에서도 쉽게 볼 수 있다. 그러나 이런 지역은 토양이 불량하여 키 큰 오동나무는 보기가 쉽지 않다. 남산에서 최근 오동나무 치수가 여러 곳에서 발견되고 있는데 크게 자랄 수 있어 남산숲 구성수종이 될 확률이 높다.

서울시 생태경관보전지역은 과거에는 환경보전부서에서 지정하고, 관리는 공원부서, 남산은 남산관리사무소에서 직접 관리하였다. 지정부서는 초기 지정업무만 수행하고, 관리는 현장부서에서 하게 되니, 예산배정 등에 문제가 있다.

1. '86~'95년 신갈나무 숲

1984년에도 대형 팥배나무가 살고 있었다(84.10.24)

1990년도 겨울 신갈나무숲. 외형적으로 건전하다 (90.11.07)

1990년도의 남산산악회로 오르는 길(90.11.07)

신갈나무숲으로 관목 수종이 자생식물이다(90.10.26)

명동으로 가는 비공식 산책로. 신갈나무숲으로 작은 팥배나무가 보인다(90.10.26)

신갈나무 잎(90.10.26)

신갈나무숲으로 관목층에 국수나무, 팥배나무가 자라고 있었다(90.11.20)

신갈나무 정상가지가 고사된 것이 보인다. 피해 전조일까(93.08.11)

앞면에 노린재나무, 단풍나무 등이 서 있다(93.11.15)

1993년에 신갈나무 맹아가 숲이 비정상임을 예고하고 있었다(93.11.15)

팥배나무가 잘 자라고 있다(93.10.11)

남산에서 드문 다릅나무가 오른쪽에 보인다(94.11.01)

2. '96~'05년 신갈나무 숲

신갈나무 뿌리 노출 모습(00.06.07)

신갈나무, 산벚나무 등이 어울린 숲(97.05.04)

대형 서어나무. 건장하다(97.05.04)

때죽나무가 많은 신갈나무 숲(00.04.01)

신갈나무 숲속에서 살고있는 서어나무(05.10.30)

중앙 음나무를 비롯, 신갈나무 등과 구수회담중 (00.09.07)

두 신갈나무의 친교일까, 경쟁일까(00.11.01)

신갈나무 숲(00.11.01)

신갈나무 단풍이 곱다(00.11.01)

눈 덮힌 산갈나무 숲(01.01.25)

신갈나무 맹아(00.06.07)

줄기 전체에 잔가지가 돋아난 신기한 장면(00.09.07)

한나무에서 많은 맹아가 돋아난 신갈나무 (00.11.01)

당단풍나무 잎. 신갈나무 숲속에 많이 자란다(00.06.07)

여러 명의 아기를 안고 있는 신갈나무(00.11.09)

당단풍나무가 주를 이루고 있는 숲(00.11.01)

아교목층을 단풍나무와 팥배나무가 차지했다(05.10.30)

당단풍나무의 기세가 당당하다(05.10.30)

팥배나무가 꽃을 피웠다(97.05.04)

팥배나무(중앙)가 신갈나무와 같은 수관층에 진입하였다(00.10.01)

팥배나무 열매. 이렇듯 열매가 많이 달리니 빠르게 번져 나간다(00.10.13)

팥배나무 군락(00.11.01)

중간 키 밖에 자라지 않았는데 열매가 많이 달렸다 (00.11.01)

자생초본 식물인 애기나리와 고사리가 혼효되어 있다 (05.10.30)

큰애기나리 집단 생육지(00.09.07)

잎이 마른 칡(00.11.09)

많은 열매가 달린 가중나무(01.08.01)

로프웨이 종점 정거장 아래에 있었던 샤워장. 당시는 남산 북사면 여러 계류에 물이 흘렀음(90.11.10)

도토리에서 움이 터 나온 어린 신갈나무(05.10.30)

신갈나무 숲에서 아교목층을 차지한 때죽나무. 좌우 끝에 서 있음(05.10.30)

3. '06~'15년 신갈나무 숲

북사면 신갈나무 숲으로 파도가 몰려오는 형상이다(06.11.06)

신갈나무림과 소나무림은 각각 서울시가 지정한 생태경관 보전지역(11.10.19)

신갈나무림 신록(09.04.22)

대형 음나무(12.09.28)

잎이 돋아난지 두달도 되지 않았는데 엄청난 먼지가 쌓였다(14.06.16)

신갈나무 단풍(06.11.14)

명동가는 산책로 신갈나무숲에 팥배나무가 많이 자랐다(06.11.14)

명동가는 산책길을 정비했다. 강우로 토사 유출이 심했었다(11.10.19)

신갈나무(우하), 팥배나무(중앙, 좌상)가 수관층을 나누어 평화롭게 산다(06.11.14)

신갈나무는 단풍이 절정이지만 아카시나무는 초록 잎이다(06.11.06)

졸참나무를 에워싸고 있는 신갈나무들(11.10.31)

신갈나무(연한 초록), 팥배나무(노란색), 단풍나무가 입체적으로 구성됨(12.10.20)

신갈나무를 베어 훈증 처리한 모습이 보인다(12.11.18)

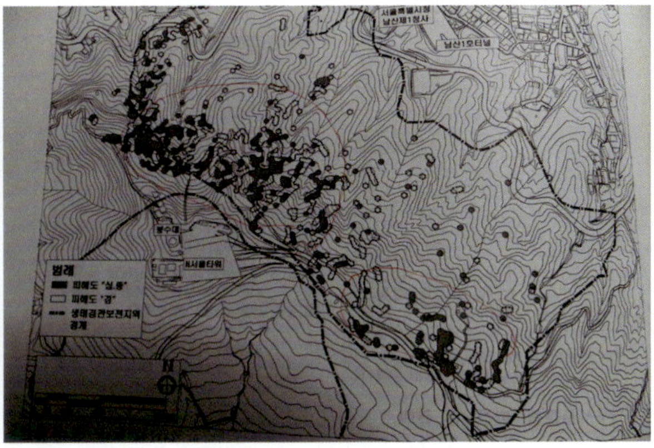

2009년도 참나무시들음병 발병지역. 팔각정 도로변이 심하다(이경재 등,2009)

신갈나무와 단풍나무의 2중 구조(12.11.08)

신갈나무 단풍(13.11.15)

병들어 이 세상을 하직하기전의 신갈나무(09.04.22)

이렇게 신갈나무가 죽으니 얼마나 놀라운 일인가(11.04.23)

참나무시들음병 매개 곤충인 참나무 풍뎅이 공격을 막기위한 설치물(10.04.11)

참나무풍데이가 수피를 뚫지 못하도록 비닐로 줄기를 둘러 싸았다(09.07.29)

초기에는 끈끈이로 줄기를 감쌌지만, 다른 곤충까지 피해를 주었다(12.05.19)

신갈나무가 베어 나간 장소에 맹아가 자라고 있다 (12.05.19)

신갈나무 무덤이라고 해야 되나(12.05.19)

부상당한 신갈나무지역에 서양등골나물이 자라고 있다(12.09.28)

명동산책로 숲도 노란 바지 입은 신갈나무가 여럿이다(12.09.24)

아픈 신갈나무에 잎이 몇 장 남지 않았다(12.09.24)

시들음병 전염 강도에 따라 띠를 둘러 주었다(08.11.16)

시들음병은 참나무풍뎅이가 줄기를 뚫고 병원균을 옮긴다. 나무가 죽으면 병원균이 이동 못 하도록 훈증처리(11.10.19)

명동 산책로에 쌓인 죽은 신갈나무 통나무(11.11.26)

참나무풍뎅이가 줄기를 뚫어 생긴 나무가루가 보인다(11.10.31)

신갈나무 공동묘지라고나 할까(11.10.31)

병든 나무는 자손을 키우기 위해 맹아를 발생시킨다(12.05.19)

병든 후 자라난 맹아가 2년이 지났다(12.11.08)

병든 신갈나무 숲에서 단풍나무가 세상을 만났다(12.05.19)

맨땅이 드러날 정도로 신갈나무가 베어져 나갔다 (12.05.19)

팥배나무 숲으로 때죽나무도 함께 지내고 있다(12.09.28)

2006년 겨울만 해도 이런 신갈나무 숲이었는데 (06.01.09)

세상 만난 당단풍나무 잎(12.05.19)

신갈나무숲에 단풍나무 단풍이 절정이다(06.11.14)

엉성해진 신갈나무 숲에 팥배나무, 단풍나무가 잘 자라고 있다(12.05.19)

가지가 짤리고 줄기만 남아 생긴 공간을 단풍나무가 차지했다(06.11.06)

명동 산책길 관목층은 단풍나무 세상(08.11.16)

팥배나무와 단풍나무가 무성한 신갈나무 숲(12.10.20)

팥배나무 신록(09.04.22)

팥배나무 꽃 피는 시기는 남산에서 대체로 4.20~5.15일 경이다(13.05.15)

꽃이 이렇게 많이 달리니 열매를 많이 달 수 밖에(13.05.15)

북사면에 분포한 팥배나무를 꽃 피는 시기에 어느 정도 가늠할 수 있다(13.05.15)

늦가을의 풍광을 아름답게 장식하는 팥배나무 열매 (06.11.14)

두주의 팥배나무 수관. 매우 진취적이다(11.10.19)

서어나무와 단풍나무. 남산숲의 자연질서의 상징인데 (11.11.26)

북사면에 얼마 남지 않은 산벚나무의 맹아(10.04.11)

산벚나무(상)와 신갈나무들이 머리를 맞대고 있다 (11.04.23)

2~3년이 흐른 산벚나무 맹아(06.11.14)

남산 자생이 아닌 오동나무가 나타난다(12.10.20)

서등골나물 꽃이 싱싱하다(12.09.28)

서양등골나물이 가득하다(12.09.24)

환삼덩굴은 도시 쓰레기 매립장에서 흔히 볼 수 있는데(14.06.16)

명동 가는길 입구에 칠엽수가 자라고 있다(12.09.28)

칠엽수 단풍 모습. 잎 끝이 고사된 것은 정상적이지 못하다(12.09.28)

칠엽수 어린 나무. 일본이 원산지인데 우리가 심어 남산에 정착이 되었다(13.11.08)

4. '16~'18년 신갈나무 숲

의외로 북사면에 소나무지역이 넓다(18.10.28)

한옥마을과 남산관리사무소 인근 녹지. 사무소 옥상 정원 대신 태양광판넬(18.10.28)

비원, 종묘숲, 낙산의 가을 풍광(18.11.12)

신갈나무 사이에 꽃핀 아카시나무가 서 있다(18.05.19)

신갈나무 줄기 상부가 고사(18.05.19)

신갈나무, 단풍나무, 팥배나무의 공생(18.10.28)

신갈나무 가지 끝이 고사(18.10.28)

팥배나무(왼쪽)가 신갈나무보다 키가 더 크다(18.10.28)

명동 산책로. 나무가 없어 휑한 기분임(18.10.28)

명동 산책로를 좀 더 들어서면 팥배나무와 단풍나무가 마중을 한다(18.11.12)

산책로변 팥배나무 두 주는 나무 전체가 열매뿐이다
(17.11.05)

팥배나무 꽃과 열매는 아름다울지라도 자연림에서는
숲 쇠퇴 징조(17.11.05)

팥배나무 가지는 여리다(17.11.05)

팥배나무의 초여름 모습(18.05.19)

팥배나무 세상이 도래(18.10.28)

팥배나무가 신갈나무를 압도하는 자역이 많다 (18.10.28)

팥배나무 고목(18.10.28)

팥배나무 가을 잎과 열매(18.10.28)

팥배나무들이 물푸레나무를 에워싸고 이지메를 한다 (18.10.28)

팥배나무가 때로는 무서워 진다(18.10.28)

잎 진 팥배나무 모습(18.10.28)

뛰는 놈위에 나는 놈 있다고, 칡이 올라 탔다(18.10.28)

오동나무가 이미 수관층에 진입했다(18.05.19)

물푸레나무가 시원하게 자라지를 못하고 있다 (18.10.28)

식재한 보리수나무 집단(18.10.28)

성벽과 연계된 느티나무 줄나무(18.10.28)

거목의 느티나무. 고려시대부터 사리나무로 알려졌다(18.10.28)

식재된 작살나무 집단(18.10.28)

아카시나무 집단이 내려다 보고 있다(18.10.28)

아카시나무가 단풍나무를 헤치고 자라고 있다(18.10.28)

물푸레나무가 위로 자라지 않고, 옆으로만 자란다 18.10.28)

산뽕나무 위용(18.10.28)

쉬나무의 위용. 남산에서는 곳곳에서 볼 수 있었다 (18.10.28)

단풍든 느티나무(18.10.28)

서양등골나물이 관목층을 점령(18.05.19)

식재한 복자기나무 단풍. 오대산 등지에 자생(18.10.28)

남산 숲속에서도 복자기나무(왼쪽)가 흔하게 발견된다 (18.10.28)

좀참나무(18.05.19)

후면부 당단풍나무 위용(18.11.12)

어린 칠엽수 단풍 모습(18.10.28)

칠엽수 모수와 어린 나무들. 이곳이 적지인듯 참 잘 자란다 (18.10.28)

칠엽수 큰 나무들. 잘 자란다(18.10.28)

제5부

남사면 식생

제 5 부

남사면 식생

남사면의 경계는 천일약수터를 중심으로 남동쪽 소나무림 전체인데, 이 지역은 전체 면적의 40%내외이다. 소나무림은 앞에서 다루었기에 소나무림을 제외한 소나무–낙엽활엽수숲과 인공림을 주로 다루었다. 남사면 대표 식생은 산벚나무숲, 리기다소나무림, 메타세콰이아림, 아카시나무림, 활엽수숲, 일부 소나무숲 등으로 나눌 수 있겠다.

남사면 지역에는 2012년 조사에 의하면 리기다소나무림 65,833m²(전체 산림의 2.4%), 잣나무림 46,853m²(1.7%), 아카시나무림은 이지역뿐만 아니라 여러 지역에 분포하는데, 전지역 아카시나무림은 전체 숲의 13.3%이며, 본 지역에도 아카시나무림이 많게 분포한다.

리기다소나무림에 1,200m² 고정구를 1998년에 설치, 2005년에 8년간 군집구조 변화를 관찰하였다. 리기다소나무 이 당시 수령은 50~60년생, 흉고직경은 30~35cm, 수고는 14~16m이었다. 관목층을 위주로 하여, 사라진 수종은 개옻나무, 붉나무, 산초나무, 신나무, 찔레, 참개암나무로서 6종이 없어졌다. 세력이 약해진 수종은 물오리나무, 산벚나무이었다. 반면에 세력이 강해진 수종은 때죽나무, 아그배, 단풍나무, 작살나무, 졸참나무, 진달래, 국수나무이었다. 새롭게 관찰된 수종은 보리수, 팽나무이었다. 출현 수종수는 '98년 31종, '05년 25종으로 변화가 뚜렸했다. 개체수는 '98년 1,841주에서 '05년 1,079주로 상당하게 줄었다.

단풍나무와 때죽나무를 살펴본다. 단풍나무 I.V.가 '98년 아교목층 3.6%, 관목층 37.48%이던 것이, '05년에는 아교목층 7.01%, 관목층 54.77%로 중요

치가 상당하게 높아졌다. 2018년 10월에 이 숲을 찾았을 때, '05년보다 아교목층과 관목층에 붉은 옷을 입은 단풍나무가 꽉차 있었다. 2007년에 리기다소나무림의 아교목과 관목층에 단풍나무가 많은 것을 보고 남산을 들를때마다 찾았는데, 계속 단풍나무 개체가 증가한다고 생각이 들었다. 때죽나무 I.V.는 아교목, 관목층에서 '98년에 각각 45.09%, 8.48%이었고, '05년에는 61.82%, 2.15%로 상당하게 때죽나무 세력도 확장되었다. 때죽나무의 타감작용으로 다른 수종들을 밀어 냈을 것이다.

아카시나무림에 고정 조사구 1,200m²를 '94년에 설치, '05년에 12년간의 변화를 조사하였다. 사라진 수종은 노간주, 개살구, 노린재나무, 담쟁이이었고, 세력이 약해진 수종은 산벚나무, 국수나무, 진달래, 산딸기, 잣나무, 물푸레, 소나무이었다. 세력이 강해진 수종은 신갈나무, 때죽나무, 팥배나무, 작살나무, 새롭게 등장한 나무는 단풍나무, 덜꿩나무, 산뽕나무, 참싸리이었다. 출현 종수는 '94년 25종, '05년 21종으로 줄었다. 개체수도 2,803주('94년)에서 1,067주('05년)로 절반이하로 줄어 들었다.

때죽나무 I.V.는 '94년 아교목층 37.16%, 관목층 12.70%, '05년에는 각각 57.37%, 11.57%로서 아교목층에서의 값이 상당하게 높아졌다. 팥배나무도 같은 양상이었다. 즉, 94년 아교목층 1.41%, 관목층 1.39%이었으나, '05년에는 각각 10.71%, 7.67%로 대폭 증가하여 앞으로 팥배나무와 때죽나무가 대결양상이 될지 궁금하다.

천일약수터 남동쪽 평지는 습하여 메타세콰이아를 집중 조림하였는데, 밀도가 높은 상태이었다. 정확한 연도는 모르겠으며, 2010년대 전반에 서울시에서 천일약수터에 소규모 습지원을 조성하겠다는 계획서를 제출, 심사위원었던 필자는 메타세콰이아림 간벌을 한 뒤에 습지를 조성하라고 권고하였다. 권고대로 어느 정도 간벌을 하였지만 식재수종이 현지 질서에 맞는지 여부는 더 시간을 갖고 지켜볼 일이다. '15년 조사에 의하면, 이곳 메타세콰이아는 수령 40~45년, 흉고직경 40~45cm, 수고는 25m 내외이었다. 최근에는 서울타워, 남쪽 전망대에서 본 지역 메타세콰이아가 잘 보인다.

천일약수터에서 물이 조금씩 흘러나와 소하천과 길 옆에 소규모 습지를 조성하였다. 외부에서 들여온 북방산개구리와 도룡뇽 알, 어린 개체를 때가 맞으면 관찰이 가능하다. 타워에서 흘러드는 소하천을 정비하여 반딧불이 서식처를 조성하였지만 실패로 끝났다.

과거에 두 번씩이나 서울시장 요구로 남사면에 사슴과 노루를 4, 2마리씩이나 방사하였지만 흔적도 없이 사라졌다. 어떻게 사라졌는지는 밝혀지지 않았다. 고립된 남산 자연에 여러 사람이 자기가 좋아하는 동물들을 방사하였으나 모두 실패로 돌아갔다. 여러 해의 공부로 신중하게 접근해야할 문제이다. 사람이 동물의 서식처를 바꾸어 주는대로 살 수 있을까? 인간의 만용이다. 반딧불이 서식처 조성 실패지인 실개울변 서쪽에 남산제비꽃이 10여개체가 모여 살고 있는 것을 관찰(2006.04.12)할 수 있었다. 꽃은 흰색이었다.

팔각정 주차장 매점 동쪽 산책로에서 보이는 배트민트장에서 서쪽 길로 가다가 내리막길에서 리기다소나무림을 거쳐 천일약수터 가기전 실개울을 건너면 칡덩굴을 볼 수 있다. 칡덩굴이 큰 나무들을 덮었다(2018.10.28). 산속에 이런 일이 벌어질 수 있을까? 칡덩굴을 그린몬스터(Green Monster)라고 불리울 만하다. 남산관리사무소는 필자의 신고를 받고 제거하였다고 한다.

2014년 남산의 덩굴성 식물군락 현황을 조사한 결과, 환삼덩굴 5,727m², 칡덩굴 15,450m², 가시박 104m² 등이 자란다고 하였다. 앞의 칡덩굴은 서울타워에서 발견되어 현장을 답사해 본 것이다. 서울타워에서 발견된 또 다른 칡덩굴은 서쪽숲 중앙에 있어, 현장 접근이 어려운 장소이다.

리기다소나무림에 들어 가기전 동쪽으로 난 산책로가 있는데 소나무숲을 가는 길이다. 산책로 초입에 은수원사시나무, 자작나무, 스트로브잣나무 등이 식재되어 있다. 1978년 이곳 현사시나무림은 흰불나방 유충에 의한 피해가 심하였다. 이 지역에 심겨 있는 자작나무들은 계속 높아져 가는 서울 기온으로 기진맥진 상태이다. 줄기가 점점 검게 되어 가고 있었다.

천일약수터 남쪽길에서 동쪽으로 가다가 소나무숲으로 난 길을 접어들면 산벚나무군락이 나타난다. 산벚나무숲은 산벚나무와 소나무, 신갈나무, 때죽나무들과 함께 살고 있는데 날이 갈수록 산벚나무 세력이 커지고 있다. 한 곳에 산벚나무 3주가 소나무보다 훨씬 크게 자라 산벚나무들이 소나무를 보호하고 있는 형상이지만, 결국 소나무는 도태될 것이다. 반면에 북사면에 독립적으로 살고 있는 산벚나무들은 도태되고 있는 개체들을 볼 수 있다. 삼림의 현재 상태는 지역별로 다 다르기에 생태학에서는 반복 개념이 없고, 경우만 존재할 뿐이다.

산벚나무군락 식생구조 내용을 소개한다. 조사면적이 800m²이고, 2014년에 조사한 것이다. 교목층 수종으로 산벚나무(평균 I.V 60.5%), 신갈나무(13.2%), 소나무(8.1%), 느티나무(7.5%), 졸참나무(5.8%), 아카시나무(4.1%)가 주를 이루고 있었다. 아교목층에는 단풍나무(39.7%), 때죽나무(33.0%), 느티나무(17.3%), 신갈나무(7.1%), 관목층에서는 국수나무(41.4%), 누리장나무(11.9%) 등이 함께 어울려 살고 있었다.

천일약수터 앞쪽 동쪽 길은 1985년 5월 5일 자연학습장에 드는 철문이 있었다. 당시 남산은 도로 이외에 철조망 휀스가 있던 시절로 사전예약을 하여, 전문가의 안내로 탐방할 수 있었다. 현재 당시 세웠던 해설판이 일부 남아 있지만 리뉴얼을 하지 않아 글자가 보이지 않는다. 이곳 탐방로를 걸으면 독일가문비 식재지가 나온다. 독일에서는 8세기경부터 사랑받아온 목재 생산나무이어서 빵나무라는 별명까지 가지고 있는 나무이다. 독일에서는 잘 자라기에, 베어 돈으로 쉽게 바꿀 수 있다는 뜻에서 얻은 별명. 그러나 심은지 백년은 되어야 제값을 받을 수 있다. 남부 독일 Schwartz Wald(黑林)지역이 독일가문비 인공림으로 유명하다. 우리나라에는 공원수, 조경수로 일제 강점기시대에 소개되었다. 산속에 식재된 이 나무는 생장이 볼 품이 없어 남산에서는 초라하기까지 하다.

이 산책로에는 가로수로 식재한 벚나무가 노목이 되었다. 벚나무들은 2014년 조사에 의하면 흉고직경 35~45cm, 수고 17~20m, 수령 70~80년생이었다(노태환.2015)

서쪽도로에서 천일약수터로 들어 가는 길 좌측에 식재된 소나무들은 1991년 아카시나무를 베고 심은 것이다. 소나무를 식재한뒤 몇 년간 풀깍기 작업을 하여 남산 자연과 어울지 않는 숲이 되었다. 동측 성곽길에서 서측으로 난 산책로를 들어서면, 이곳도 1991년에 식재된 소나무림인데, 관목층을 깨끗하게 정리하고 맥문동과 옥잠화를 식재해 놓았다. 도심 복판 공원에 들어선 기분이다. 남산 성곽 깊은 곳에 이런 지피식물을 심는 것은 어불성설이다. 공부가 필요하다.

1. '86~'95년 남사면 식생

고양이를 포획하기 위한 상자. 다람쥐 등에 피해를 주기에 잡았던 것(90.10.26)

1990년 당시 남산 해설판(90.10.26)

천일약수터 입구는 자연학습장 입구로 예약해야 입장이 가능했음 (90.10.26)

1990년도 남사면에는 아카시나무 집단지가 많았다 (90.10.26)

휀스안의 대형 아카시나무(90.11.20)

소월로 향하는 계단 중간에 서 있는 아카시나무(90.11.07)

아카시나무도 거목인지라 흰불나방 유충 유인대를 만들어줌(90.11.07)

소나무를 완전하게 둘러싼 활엽수들(93.06.21)

산벚나무 군락(90.11.10)

은수원사시나무림. 생육이 왕성하다(90.10.26)

리기다소나무숲. 당시는 관목층에 단풍나무가 없었다 (90.10.26)

때죽나무를 조사하고 있다. 큰나무다(94.11.01)

서양등골나물이 남사면에 자리를 잡았다(93.10.11)

소나무 식재지내에 미국자리공, 가중나무, 서양등골나물이 자라고 있다(95.10.10)

서양등골나물 꽃이 피었다(93.10.10)

리기다소나무 숲속에 누리장나무가 자라고 있었다 (95.10.10)

미국자리공은 다년생 초본으로 매년 새싹이 나와 이렇게 커진다(93.10.18)

미국자리공 뿌리. 다년생으로 크게 자랐다(93.10.18)

2. '96~'05년 남사면 식생

산벚나무 군락(98.10.11)

산벚나무 맹아(98.10.11)

은수원사시나무. 생장이 왕성하다(05.10.31)

꿩 해설판 뒤로 어린 가중나무가 보인다(99.06.26)

자작나무 조림지. 이 당시만 해도 생장에 문제가 없었다 (99.06.27)

소나무림 관목층에 때죽나무가 가득하다(05.10.30)

산벚나무 맹아가 많이도 나왔다. 문제가 생긴 것이다 (05.10.30)

산벚나무 맹아가 2~3년은 지났다(05.10.30)

산벚나무 계곡(05.10.31)

산벚나무 위용(05.10.31)

천일약수터 옆 계곡에 물이 흐른다(01.08.01)

미국자리공 잎과 열매(00.10.01)

교목층, 관목층 모두 아카사나무가 차지(05.10.31)

아카시나무 순림(01.10.19)

소나무가 산벚나무들 피압으로 고사 직전상태(05.10.31)

팥배나무 가을 모습(05.10.31)

고사리 군락(05.10.31)

리기다소나무림 관목층에 단풍나무가 쫙 깔렸다 (05.10.31)

밀집되어 자라고 있는 누리장나무(99.06.26)

서양등골나물 꽃이 대단하다(99.10.13)

서양등골나물 집단(00.06.07)

국화과인 서양등골나물 꽃(00.10.01)

콘크리트 옹벽에서도 서양등골나물은 자란다(00.11.09)

가중나무 집단(99.06.06)

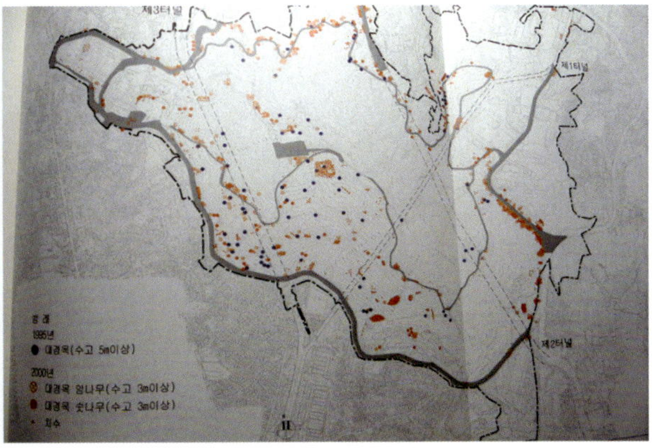

2001년 가중나무 분포도. 남사면과 도로 주변 분포(이경재 등,2001)

가중나무 암나무로 종자를 엄청나게 맺었다(99.06.29)

가중나무는 암나무가 종자를 많이 달리기에 어린나무가 다북하게 자랄 수 있다(99.06.26)

어느 정도 자란 어린 가중나무(00.06.07)

아카시나무 숲속에서도 가중나무는 자란다(00.10.01)

가중나무 성목(00.09.15)

누리장나무 집단. 토양환경이 나쁘면 집단으로 자란다 (99.06.26)

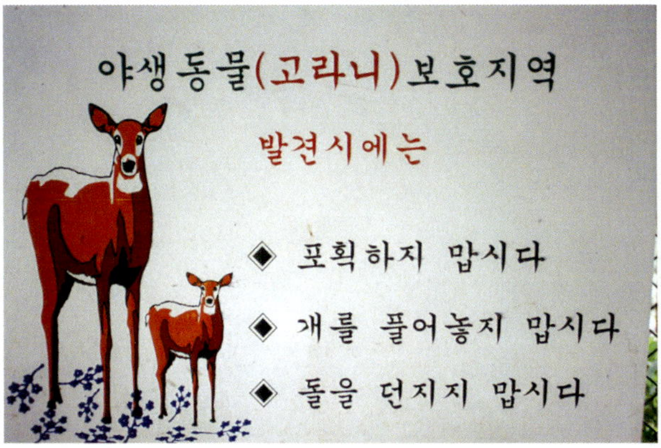

1990년대이후 두번씩이나 사슴을 방사하였으나 실패(00.06.07)

팥배나무 군락(99.06.26)

토끼까지 방목하였으나 이마져 실패(00.11.01)

신갈나무 맹아(99.10.03)

상수리나무 줄기(00.10.13)

남산이 대부분 국유림인지라 임업경영적인 명칭을 붙임 (99.06.26)

야외식물원 조성이전에 배수지를 지하에 조성 (99.02.26)

배수지 공사 현장(99.06.26)

야외식물원 안내도(00.11.09)

환삼덩굴이 나무를 완전히 덮었다(01.10.19)

때죽나무도 이렇듯 맹아가 많이 나온다(98.10.13)

3. '06~'15년 남사면 식생

초봄에 소나무보다 키가 큰 활엽수가 새싹을 피고 있다(06.04.16)

벚나무들 개화로 아름다운 수채화 소재가 마련(11.04.23))

일부 지역에 잣나무가 식재되었다(11.11.06)

중앙에 잎이 무성한 나무는 귀룽나무(11.04.23)

갈참나무 및 신갈나무 어린 나무(12.11.08)

상수리나무(13.05.15)

잣나무림 하층에 단풍나무가 자라고 있다(11.11.06)

단풍나무 동네(12.09.28)

리기다소나무 관목층을 단풍나무가 장악했다(12.10.03)

리기다소나무 숲 속 단풍나무(12.11.08)

서양등골나물 무리의 개화(12.10.21)

벌채하여 쌓아 놓은 어카시나무 더미에서 자란 맹아 (11.11.06)

갈참나무 밑에 아카시나무가 자라고 있다(12.09.28)

아카시나무와 때죽나무(12.09.28)

소나무 숲속 아카시나무(12.10.21)

갈참나무와 산벚나무(12.09.28)

산벚나무 맹아(11.11.06)

산벚나무 단풍(12.11.08)

산벚나무 숲(12.09.28)

남사면 숲속 벚나무 가로수(12.11.08)

거목 산벚나무 뿌리목(10.04.11)

중앙의 귀룽나무는 남산 활엽수중 제일 먼저 개엽한다(09.04.05)

잘 자란 가중나무. 2010년대 초에 많이 베어내어 개체수가 많이 줄었다(13.05.15)

가중나무가 자라나고 있다(12.09.28)

팥배나무 흰꽃. 남사면에도 많이 자생한다(13.05.15)

메타세쾨아를 일부 베어내고 활엽수 식재(06.01.09)

메타세콰이아의 단풍(11.11.26)

메타세콰이아 숲속에 단풍나무가 많이 늘어 났다(12.11.08)

천일약수터 습지 조성이전 출입금지(06.01.09)

습지 조성시 나무 휀스 설치(06.01.09)

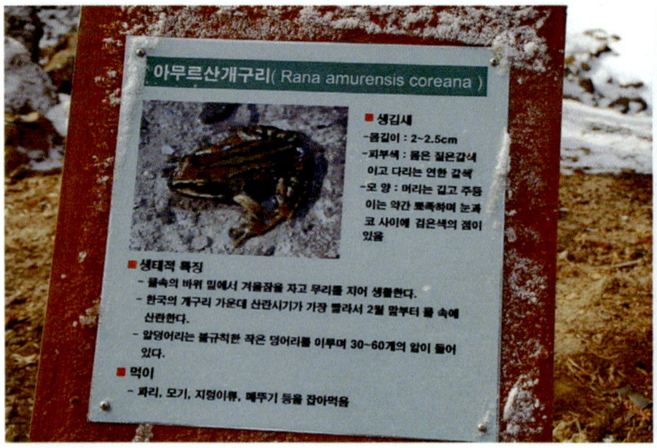

아므르산 개구리 해설판(06.01.09)

계류도 걸어 다니기 좋게 나무데크 설치(06.04.12)

개울변 남산제비꽃 생육지(06.04.12)

남산제비꽃은 잎이 깊게 갈라지고, 흰꽃이 핀다(06.04.12)

주변나무들이 작은 못을 들여다 보고 있다(09.04.05)

도룡뇽알 무더기(10.04.11)

아무르산 개구리 올챙이(10.04.11)

계류를 이용하여 반딧불이 서식처를 조성하였으나 실패 (11.11.06)

은수원사시나무를 벌채하였다(06.01.09)

은수원사시나무 어린나무들(12.11.08)

미국자리공(08.11.16)

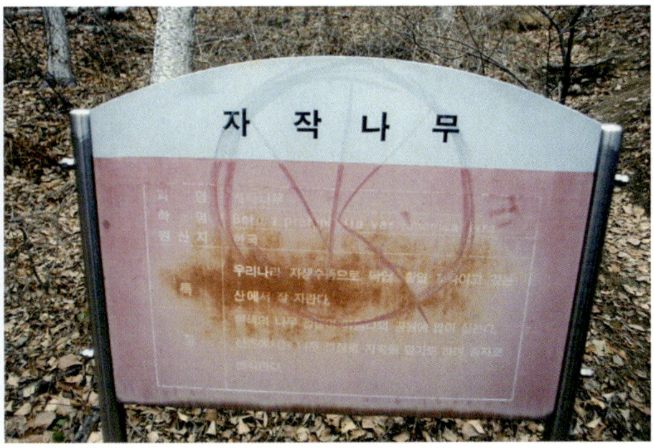

자작나무 해설판. 정비하지 않아 내용 판독 불가(11.11.26)

자작나무 식재지(12.11.08)

배롱나무 식재지. 남산이 원산지가 아니고, 관상수임 (12.09.28)

일본목련 어린나무. 새가 종자를 물어와 자란 것 같다 (12.05.19)

전나무 식재지. 생장상태가 불량하다(10.04.11)

숲속에 칠엽수가 자라고 있다(12.09.28)

모수에서 떨어진 종자로 태어난 어린 칠엽수들(12.11.08)

숲내 벚나무 가로수(12.10.03)

큰애기나리 군락(12.10.03)

칡덩굴(12.10.21)

누리장나무 잎과 열매(12.10.21)

수원은사시나무 옆에 줄기가 꺽인 소나무(06.04.16)

프라타나스 어린나무. 과거에 식재하였던 나무가 저절로 들어와 귀화식물이 됨(12.09.28)

천일약수터 복원하면서 개나리 식재(06.04.12)

1990년도 만해도 진달래가 보였다 (09.04.05)

진달래가 세력이 매우 약해졌다(10.04.11)

요즈음 거의 볼 수 없는 숫꿩, 장끼(06.05.23)

4. '16~'19년 남사면 식생

남산 남사면. 국립중앙박물관에서 촬영(19.01.05)

서울타워 모습. 잠두봉 머리를 누르고 있다(19.01.05)

국립극장쪽 입구 김용환선생 동상앞에 세운 남산공원 표지판(17.10.05)

남산내 성벽을 정비하면서 성벽에서 일정 거리에 나무를 없앴다(18.11.12)

약간 누렇게 단풍든 메타세콰이아 집단. 남산 곳곳에 식재(17.10.05)

남사면에도 참나무시들음병 벌채목 처리장이 있다 (17.10.05)

자원봉사자들이 만들었다는 나무 팻말. 초라하다(17.10.05)

리기다소나무(우)와 잣나무(중앙)(18.10.28)

참나무풍뎅이 침입을 막기 위한 보호막(17.10.05)

참나무 고사목(18.05.19)

단풍나무와 팥배나무 단풍(18.10.28)

갈참나무 어린나무(18.10.28)

어린 밤나무로 남산에서 드물다(18.10.28)

어린 갈참나무로 남사면에서 볼 수 있다(18.10.28)

어린 팥배나무가 밀집되어 있다(17.10.05)

어린 단풍나무 집단 생육지(18.10.28)

붉게 단풍 든 키 큰 팥배나무(18.10.28)

단풍나무 집단 생육지(18.10.28)

대형 단풍나무(18.10.28)

키 큰 아카시나무(17.10.05)

아카시나무 집단 생육지(18.10.28)

꽃 핀 아카시나무(18.05.19)

줄기가 굵은 때죽나무(17.10.06)

대형 아카시나무 줄기(18.10.28)

때죽나무 집단 생육지(18.10.28)

줄기에 맹아가 많이 난 때죽나무(18.10.28)

줄기가 여러개인 때죽나무(18.11.12)

맹아가 거창한 산벚나무(18.10.28)

벚나무 맹아(18.10.28)

벚나무 거로수길(18.10.28)

팥배나무 단풍(18.10.28)

어린 팥배나무(18.10.28)

팥배나무 단풍(18.10.28)

산벚나무 단풍(18.10.28)

단풍 든 팥배나무 잎(18.10.29)

가중나무 어린나무(17.10.05)

가중나무 줄기(17.10.06)

리기테다소나무 줄기(18.10.28)

리기테다소나무숲의 단풍나무(17.10.05)

단풍나무 키가 아교목층에 도달될 정도로 컸다(17.10.06)

단풍나무 밀림(18.11.12)

곱게 물 든 단풍나무(18.11.12)

리기테다소나무와 딘풍나무의 층위구성이 확실하다 (18.11.12)

여러 종류 단풍나무가 집단을 이루고 있다(18.11.12)

단풍나무가 아교목층 수준을 넘어 섰다(18.11.12)

리기테다소나무 생장이 너무 양호하여 서울 타워에서 관측이 됨(18.11.14)

매타세콰이아를 어느 정도 솎아 냈지만 밀도는 여전히 높다(18.10.28)

작은 습지라도 조성한 것은 매우 중요한 일이다(17.10.05)

단풍 든 것과 아직 푸른 메타세콰이아가 함께 서 있다 (18.11.12)

반딧불이 서식처로 리뉴얼한 계류에 매일 물이 흐르기 힘든 상황(18.10.28)

궁색해진 천일약수터. 수량이 자꾸 줄어 든다 (18.10.28)

개구리 생활 해설판(18.10.28)

미국자리공은 다년생 초본이라 매년 새롭게 자라고 줄기가 실해진다(18.10.28)

일본목련 어린나무. 최근에 남산에서 자주 목격되는데, 성장이 빠름(17.10.06)

일본목련 중 큰 나무(18.11.12)

숲에서 볼 수 있는 화백. 일본이 원산지이고 식재한 것임(17.10.05)

일본 원산인 칠엽수. 최근 계속 번져 나가므로 요주의 수목(17.10.05)

칠엽수 잎 진후 수관 모습(18.11.12)

가로수가 아닌 은행나무가 여러 주 숲내에 식재 되어 있다(17.10.05)

고사리 식재(18.05.19)

환삼덩굴도 무적의 식물이다(17.10.06)

칡이 만들어낸 그린 몬스터(18.10.28)

칡이 결국 나무 하나를 고사시켰다(18.10.28)

숲속에서 몰래 칡의 그린 몬스터 축제가 이루어지고 있다(18.10.28)

팔각정 주차장 매점건물 옆에 자라는 대형 뽕나무가 단풍이 들었다(18.10.28)

산중에 자라고 있는 산뽕나무(18.10.28)

누리장나무 잎과 열매. 정상적인 숲에서는 큰 나무는 보기 어렵다(18.10.28)

사철나무 잎에 각종 분진이 덮인 것이 미국선녀벌레의 배출물과 디젤엔진의 배출물이 원인(17.10.05)

줄기가 미끈한 때죽나무 수피에서 묻어난 분진. 점점 심 해진다(17.10.05)

미국선녀벌레 배출물에의한 피해일게다(18.10.28)

먼지가 쌓인 사철나무 잎(18.11.12)

식재된 이팝나무. 남산에 자생하지도 않고, 시내 가로수로 식재하는데(17.10.05)

관상용이면서 외국이 원산지인 철쭉이 심겨진 이유는 뭘까(17.10.05)

이렇게 큰 오동나무가 자라고 있다(17.10.05)

키 큰 오동나무(17.10.05)

남산에 자생하지 않는 이대를 식재하였음. 잘 번지는 것이 문제(17.10.05)

식재된 이대(18.10.28)

베어낸 뿌리목에서 맹아가 자란 프라타나스(17.10.06)

귀룽나무 맹아. 이 나무의 특징임(17.10.06)

남산 자생 수종인 작살나무 잎. 이제 남산에서 귀해짐 (18.10.28)

작살나무는 분홍색의 열매가 매력적(18.10.28)

옻나무를 만날 수 있었다. 무척 반가웠다(18.10.28)

자생식물 덜꿩나무(18.10.28)

자생식물인 쪽동백나무. 과거에는 흔했는데(18.10.28)

나무휀스안에 식재된 개나리. 봄 노란 꽃을 보기위해 식재 (18.10.28)

지피식물로 맥문동을 식재. 종다양성을 낮추게 됨 (18.11.12)

남산에서는 몇군데 집중적으로 자라는 국수나무(18.10.28)

수로 양쪽에 국수나무가 가득하다(18.10.28)

남산에서는 희귀하게 된 생강나무(18.10.28)

남산에 식재된 전나무(18.11.12)

생강나무 단풍. 자생식물(18.10.28)

키가 큰 산초나무에 단풍이 앉았다(18.10.28)

30~40년전에 식재되었을 전나무(18.11.12)

전나무는 음수라 큰 나무밑에서 잘 견딘다(18.11.12)

제6부

남측도로(팔각정 주차장~ 국립극장 입구)변 숲

제 6 부

남측도로
(팔각정 주차장~국립극장 입구)변 숲

이 도로는 현재 국립극장 주차요금소에서 팔각정 주차장에 이르는 자동차 길로, 설명은 팔각정 주차장에서 국립극장 요금소 방향으로 진행한다. 팔각정 주차장에서 도로를 따라 내려오면서 볼 수 있는 성벽밖에 소나무는 식재한 것이다. 젊었지만 우듬지가 없는 개체가 많다. 줄기 굽음의 단초가 된다, 소나무밑에 맥문동과 옥잠화를 식재한 것은 앞에서 언급한 것과 마찬기지로 자연공원에 걸맞지 않는 일이다. 이런 원예식물은 있을 곳에 있어야 한다.

성곽길 입구에 최근 이팝나무 몇 주를 식재하였다. 남산에 어울리지 않는 조경수, 가로수로서 도심에 너무 많이 심어 가로수 다양성에 흠이 가기에 걱정중인데 남산 산중까지 식재를 하다니, 기가 찰 일이다. 청계천에 심다가 남아서 가져오지는 않았겠지? 식재에 관여한 사람들은 공부가 더 필요하다. 학연후무지(學然後無知)라 하여 공부를 하고나니 자신이 무식함을 알게 되었다는데, 공부가 없으면 무지를 깨닫지 못 할 것이다.

본 도로를 내려 오면서 가장 큰 전망대에 도착하기전, 독립적으로 자라고 있는 팥배나무 거목 3주를 만나게 된다. 이들을 보고 있자면, 남산에서 팥배나무가 이렇게 클 수 있다는 점에서 놀랍고, 지금 북사면에서 자라고 있는 팥배나무들이 이처럼 커진다면 무슨 일이 일어날지 걱정스럽다. 세 나무는 흉고직경이 48~70cm, 수고가 15~20m에 이르며, 수령이 70~80년에 이른다.

전망대에 오른다. 서울타워밑의 숲은 소나무와 낙엽수들의 혼효림으로 가을 경관이 아름답다. 그리고 숲내 가로수 벚나무, 산속의 산벚나무가 꽃이 피는 봄경관도 예쁘다. 눈을 남쪽으로 돌리면 용산 미 8군기지내 녹지가 넉넉하다. 남산과 미군기지 사이에 위치한 용산동 2가와 이태원동의 주택가는 녹지가 거의 없어 남산과 한강의 바람길 연결은 기대난망이다. 1991년에는 이런 일도 있었다. 이태원 2동, 남산 2호 터널과 3호 터널이 만나는 반포로 동쪽 주공아파트 재건축시 한강과 남산의 바람길을 확보하기 위하여 넉넉한 녹지 확보가 필요하다는 의견을 당시 남산 제모습가꾸기 위원회에 제기 한뒤, 위원회에서 논의도 끝나지 않았는데 재건축이 시작되어 무산되었다.

미군기지가 평택으로 이전됨에 따라 넓은 면적의 공원계획이 진행되고 있다. 현시대에 맞는 공원 계획 전제조건이 있다. 미세먼지 등 대기오염물질 완화, 시민들이 건강을 위해 즐겁게 마음 놓고 걸을 수 있는 숲이 조성되어야 한다. 그러기 위해서는 남산에서 한강쪽으로 폭 100m 이상의 울창한 숲조성 계획이 수립되어야 한다. 그리고 가능한 남산 자생위주의 교목 수종으로 빠른 시일내에 울창한 숲조성을 목표로 하여야 한다. 울창한 숲내에는 물소리, 새소리, 벌레소리, 바람소리가 함께 어울려 숲을 걷는 사람들이 힐링을 안겨 주어야 한다. 이제 국민소득 3만달러에 걸맞는 공원을 가질 때가 되지 않았을까?

전망대로 다시 돌아온다. 전망대에서 천일약수터의 메타세콰이아림, 수원은 사시나무림이 보인다. 메타세콰이아는 침엽수이지만 잎이 지는 나무이다. 1억년전 백악기 공룡시대 화석에도 발견된 수종으로, 현재까지 볼 수 있어 살아있는 화석이라고 한다. 1945년 중국 임업공무원인 왕전(王戰)이 사천성(四川省) 마도계(磨刀溪) 신목(神木)의 표본을 남경대학 정(鄭萬杓)교수에게 보냈다. 검토 결과를 1946년 중국지질학회지에 살아있는 메타세콰이아라고 발표하였다. 그 후에 조사를 한 결과 마도계와 수삼패(水衫覇)에 1천주가 분포함을 알아냈다. 이 소식이 전해지자 전세계인들이 기금을 조성, 증식방법을 연구하여 묘목을 생산하게 된 것이다. 우리나라에서도 공원수, 가로수로 많이 심었다. 습지주변에 사는 나무로 키가 빨리 자라며, 성년이 되면 25~30m이상 커진다. 양자강

하류 자생지가 따뜻해서 다른 활엽수보다 남산에서는 2~3주일 늦게 단풍이 짙은 황색으로 든다. 수령이 40~50년이 되어 키가 커져 전망대에서 바라다 보면 두드러져 보이는데, 시간이 흐를수록 더 할텐데 어떻게 해야할지?

전망대 남과 동쪽을 키 큰 아카시나무, 키 작은 나무들이 에워싸고 있다. 키가 큰 50~60년생 아카시아나무가 줄 지어 서 있는 모습은 볼만하다. 그러나 이 나무를 싫어하는 사람들 목소리에 제대로 가치평가도 받아 보지 못한채, 계속 베어지고 있다. 전망대에서 바라보는 아카시나무림 경관이 아름답다.

전망대에서 33초소 화장실에 이르는 길 오른쪽 숲은 남산의 대표적인 소나무숲이다. 입구가 두 곳인 소나무 전망대, 입구 한쪽은 소나무 목재로 세운 홍살문 모양의 정문, 소나무 해설판이 세워진 남산 고유 소나무 탐방로입구이다. 전망대에서 조금 들어가면 나무탁자와 의자, 180°로 누울 수 있는 평의자가 있어 소나무숲의 피톤치드를 마실 수 있는 공간이다. 그러나 2018년 11월에 찾았을 때는 먼지가 쌓였고, 그나마 이용금지 금줄이 쳐 있었다.

이 지역 소나무들은 50~80년생 나무들인데, 줄기는 많은 나무가 굽었고, 수관층내 가지는 비비 꼬여 있다. 정말 불량한 개체가 모인 소나무숲으로 휴게소에서 바라보면서 호연지기를 느낄 수가 없었다. 안타깝다.

소나무 전망대를 지나면 최신식 화장실에 이른다. 과거에는 이 지역에 33초소가 있었기에 33초소 화장실이라고 부른다. 여기에서 내리막길 끝에 있는 성곽길까지 도로변 숲속에 소나무림은 뒤로 물러서 있다. 화장실 휴게광장 동쪽 숲에 은행나무가 2렬로 줄지어 서 있다. 수령은 50~70년 정도 되고, 키가 17~20m에 이른다. 어떻게 숲내에 이렇게 큰 은행나무가 자라고 있을까?

은행나무림 동쪽에 칠엽수 대형목이 여러 주 서 있다. 말밤에서 싹이 트여 자연스럽게 자란 어린 칠엽수 키가 1~4m나 되어 후계목으로 자라고 있다. 아울러 경사진 숲내부로 계속 전진하고 있다. 대책을 세워야하지 않을까.

본 지역 도로 건너편 경사지 끝, 도로변에 수령 50~60년생이며, 키가 15m 이상인 화백이 줄지어 서 있다. 약간 굽은 도로의 가로수처럼 심겨져 눈에 잘 들어 온다. 일본이 원산지로 목재질이 삼나무, 편백보다 뒤져 어쩌다 조경수로 심는 나무이다. 현재(2018년) 생장이 양호하여 더 크기전에 벌채, 목재로 사용해야 되지 않을까.

33초소 화장실에서 상춘약수터 입구 사이에 설치된 포토 아일랜드(Photo Island) 전망대가 있다. 나무데크 휴게소로 성동구 매봉산(해발 170m) 삼림경관이 한 눈에 들어온다. 남산과는 버티고개 생태통로로 연결되었으나 남산품안에 있던 산을 장충단길이 갈라 놓았다. 현재 적은 면적으로 남겨진 녹지가 신라호텔, 자유센터, 타워호텔이 건립되기 전에는 남산과 같이 넓은 무성한 숲이었을 텐데. 포토 아일랜드 인근에 최근에 식재한 어린 소나무들이 자라고 있었다. 최근 식재되었다는 남산 소나무 후계목이 아닐는지? 우듬지가 대부분 살아 있어 통직하게 자랄 수 있을 것 같다. 중부지방에서 소나무는 대체로 40~50년생까지 우듬지가 살아 있다가, 이후는 사라져 소나무 수관형태가 평정형으로 바뀐다. 아직 어려서 수피색을 가늠할 수가 없다.

포토 아일랜드에서 장충약수터쪽으로 더 내려가면, 수고 1~1.5m인 배롱나무가 여럿 서 있었다. 과거 어느 시장이 좋아하는 나무라고 식재하였단다. 이 나무는 중국이 원산지이고 꽃과 줄기가 아름다워 과거에는 남부지방에 식재하던 관상수이다. 대구 가로녹지에 심겨있는 나무들의 꽃이 아름다웠던 기억을 갖고 있다. 서울에도 20여년전부터 심었는데, 겨울 한파를 무사히 넘기기 위해 늦가을에 짚으로 줄기를 싸매준다. '18년 11월에도 아르신내들이 정성스럽게 짚을 싸매고 있었는데, 정성스런 행동에 존경스런 마음이 절로 미소로 표현되었다. 이런 조경수목이 남산에 얼마전에 심겨진 것이다. 웃어야 할지, 울어야 할지. 조금 더 내려가면 축대밑에 이대가 식재되어 있다. 남산 여러 곳에 대나무 종류인 이대, 왕대가 심겨 있다. 대나무는 30~60년에 한번씩 꽃이 피기에 종자보다는 땅속 줄기로 번식한다. 지하줄기는 매듭 간격이 좁아, 매듭마다 줄기가 솟아나기에 빽빽한 대나무숲으로 성장해 나간다.

현재 남산에 식재한 대나무들이 뿌리를 건실하게 키운뒤 숲으로 자라 나가면 어떤 나무도 대적이 용이치 않을 것이다. 우리나라 설악산에서 한라산에 자라고 있는 조릿대가 자연림의 관목층은 물론 교목과 관목층 수종까지 피해를 준다는 논문이 여럿 발표되었다. 이런 일이 남산에서 일어 나지 않기를 간절하게 기도 드린다. 대나무종류는 중국이 원산지로 옛부터 선비의 고귀함을 상징한다지만 집에 심어 놓고 감상할 나무이다. 일본 큐슈(九州)지방에 가게되면 대부분의 동네 뒷산이 대나무가 없는 곳이 드물다. 이를 타산지석(他山之石)으로 삼을 일이다. 남산이 대나무 세상으로 바뀌는 것을 원하지는 않겠지요?

본 코스 남쪽 숲에 상수리나무 거목이 보인다. 상수리나무 도토리는 구황식물(救荒植物)로서 흉년이 들 때, 도토리를 끼니 대용품으로 옛날에는 요긴하게 사용되었다. 그래서 마을 뒷산에 도토리를 심어, 싹이 틔인 어린 상수리나무를 잘 보호해 왔다. 상수리나무를 가축식물(家畜植物)이라고도 부른다. 키 큰 상수리나무가 서 있는 곳은 마을이 있던 곳이다.

유럽에서는 오래전부터 참나무 도토리로 돼지를 방목하여 키우는데 사용하였다. 참나무들을 키를 키우지 않고 줄기를 지상부로부터 높이 2~3m에서 절단하여 밑에 남은 가지들을 길게 키우고, 열린 도토리를 돼지가 앞발을 들고 따먹을 수 있게 하는 방법으로 돼지를 방목하는 것이다. 독일 전통 참나무숲을 방문하였을때 이런 참나무들을 볼 수 있었다. 최근 우리나라 몇 음식점에서 스페인산 참나무 방목 돼지고기까지 팔고 있다.

이제 본 코스는 끝이 보인다. 남산산악회 오르는 길이면서, 구 경계(중구와 용산구로 성곽을 경계로 하였음) 지점인 곳을 지나면 오른쪽에 잣나무와 스트로브잣나무 조림지가 보인다. 이곳 스트로브 잣나무는 2018년 현재 키가 10~14m에 이르며, 수령이 40년생으로 생장이 양호하다. 미국 동부지방이 원산지이다. 필자도 1995년 미국 동부 아팔라치안 국립공원 답사시 키가 40m, 흉고직경 1.5m이상 되는 스트로브잣나무 수해(樹海)를 보고 놀란 기억이 있다. 우리나라에 도입되어 1975년경부터 공원수, 차폐공간 식재수로 사용이 되었고, 우리나라에서는 산에 조림을 거의 하지 않는다. 산지가 척박하기에 생장이 신통

치 않기 때문이다. 남산 본 지역은 스트로브잣나무가 자라기 좋은 토양이기에 더 자랄 공산이 크다. 자연경관을 위협하지는 않을까?

남측도로(팔각정 주차장~국립극장 입구)변 숲

전망대에서 바라본 타워쪽 식생 경관. 메타세콰이아 단풍이 돋 보임(18.11.12)

남측도로변에는 전망대가 세곳. 타워 가까이 전망대 규모가 제일 크다(18.10.29)

미군 용산기지 녹지가 눈에 들어 온다(18.10.29)

소월로 은행나무가 곱게 물 들었다(18.10.29)

성곽과 느티나무(18.11.12)

스트로브잣나무 식재지. 미국이 원산지(18.10.29)

수피가 붉어 적송(赤松)이다(18.10.29)

식재된 잣나무들(18.10.29)

우듬지가 없는 이 소나무의 장래가 어떨지 걱정스럽다 (18.10.29)

줄기가 완전하게 휜 소나무(18.10.29)

우듬지가 잘 자라고 있는 식재된 어린 소나무 (18.10.29)

고립목으로 자라 수관폭이 넓다(18.10.29)

남산 고유 소나무림 정문(18.10.29)

줄기가 모두 굽은 소나무뿐(18.10.29)

인위적으로도 만들기 힘든 곡선 줄기의 소나무 (18.10.29)

십자가 소나무(18.10.29)

수관 내부에서 줄기와 가지가 휘었다(18.11.12)

수피는 붉은 색이지만 줄기가 둘로 갈라졌다(18.11.12)

잣나무는 성목이 되어도 굽지 않는다(18.11.12)

식재한 전나무(18.11.12)

이보다 더 줄기가 비틀린 소나무가 또 있을까(18.11.12)

우듬지가 짤린 후 한 가지가 수직으로 자랐다(18.11.12)

줄기가 통직한 소나무(18.11.12)

벚나무 단풍이 곱게 들었다(00.11.01)

산속의 벚나무 거목(18.10.29)

도로 가로수로 벚나무를 식재하였다(18.10.29)

벚나무 가로수 단풍(18.10.29)

고목의 벚나무 뿌리목(18.11.12)

거목 벚나무 가로수 모습(18.11.12)

줄기가 여러개인 벚나무(18.11.12)

거목의 팥배나무(18.10.29)

팥배나무 단풍이 곱다(18.10.29)

키가 큰 아카시나무들(18.10.29)

대형 팥배나무(18.11.1

또 다른 거목의 팥배나무(18.11.12)

전망대에서 내려다 보이는 아카시나무 집단지(18.10.29)

복천약수터 입구 화장실 도로변에 화백이 줄나무로 심겨 있다(18.10.29)

크게 자란 화백 모습(90.10.26)

열매가 잔뜩 달린 팥배나무(18.11.12)

화백 가로수 길(18.10.29)

화백이 많이 컸다(18.11.13)

벚나무(좌)와 단풍나무(우) 가로수(18.10.29)

단풍 든 칠엽수(18.10.29)

칠엽수 어린나무. 몇년전부터 모수에서 떨어진 말밤에 서 싹이 트인 것이다(18.10.29)

중층에 달한 칠엽수(18.11.12)

어린 칠엽수의 단풍18.11.12)

튜립나무가 숲속에서 크게 자라고 있다(18.10.29)

키가 큰 때죽나무(18.10.29)

큰 때죽나무 줄기 속이 썩기 시작했다(18.10.29)

대형 단풍나무(18.10.2)

때죽나무가 잘 생겼다(18.10.29)

수관이 넓은 단풍나무(18.10.29)

단풍나무를 집단으로 식재(18.10.29)

대형 단풍나무(18.11.1)

거목의 단풍나무(18.11.12)

벚나무 가로수 길(18.10.29)

상수리나무(18.10.29)

줄기가 갈라진 특이한 상수리나무(18.11.12)

갈참나무(18.11.12)

일본목련 대형목(18.10.29)

남산에서 보기 드문 머루(18.10.29)

메타세콰이아 집단 식재지(18.10.29)

다른 수종보다 보름 늦게 단풍드는 메타세콰이아 (18.11.12)

조경수인 배롱나무를 조경스타일로 식재(18.10.29)

메타세콰이아의 단풍(18.11.12)

배롱나무는 남부지방 식재 식물이기에 월동을 위해 짚으로 싸맸다(18.11.12)

대형 은행나무가 숲속에서 자라고 있다(18.10.29)

단풍든 은행나무(18.11.12)

산뽕나무는 남산 여러 곳에서 자라고 있다(18.11.12)

산뽕나무 단풍(18.11.12)

대형 은행나무가 숲속에서 자라고 있다(18.10.29)

자작나무 줄기(18.10.29)

어떻게 자작나무를 남산에 식재할 수 있을까(18.10.29)

거대한 느티나무(18.10.29)

벚나무 줄기사이로 자작나무가 보인다(18.11.12)

남산 자생식물이 아닌 조경수목인 화살나무를 식재하였다(18.10.29)

작살나무 열매가 아름답다(18.11.12)

축대밑에 식재한 이대. 지구온난화로 서울에서도 대나무가 살고 있다(18.11.12)

제7부

성곽길

제 7 부

성곽길

팔각정 주차장에서 동쪽으로 난 나무데크길을 따라 가다보면, 자동차 길과 헤어져 운동기구가 있는 정자 길로 향한다. 경사 급한 포장길을 내려가면 남산 산악회로 가는 새로운 길 이정표가 나온다. 여기서부터가 성곽길이다. 새롭게 조성한 성곽길은 한양도성을 넘어 내려가면 오른쪽 길은 남산산악회로 향하고, 왼쪽 길은 계단길을 내려가서 구청경계선이 그려진 자동차길에 다다른다.

이십년까지만 해도 팔각정으로 향하는 자동차 길과 산책로가 헤어지는 지점에 간이매점과 정자 북쪽 약수터로 향하는 길이 있어 쉽게 성곽길 위치를 이야기할 수 있었다. 그러나 지금은 간이매점과 약수터가 없어져 성곽길 위치를 쉽게 설명할 수가 없다. 약수터 이름은 감로천(甘露泉) 이었다. 이름 그대로 시원하고 맛있는 물이 솟아나는 약수터로서, 신갈나무와 층층나무로 에워 싸여 있었다. 청량하기 이를데 없었다. 여름철에는 산속에서 땀 흘리면서 조사하다가 약수터에서 싸온 김밥에 약수터 물을 마시고 나면 기운이 다시 솟아 나는 듯 하였다. 이런 약수터가 점점 물이 마르더니 결국은 폐기되었다. 안타까운 일이다.

정자에서 급경사 길을 내려 오다 보면, 왼쪽은 신갈나무, 산벚나무, 물푸레나무 등이 숲을 이루고 있었다. 오른쪽은 1990년대 중반까지도 콘크리트 옹벽 위에 설치된 철조망 안으로 신갈나무, 느티나무 숲속에 애기나리, 큰애기나리, 둥굴레, 노랑물봉선 등이 자라고 있었다. 이 지역 식생이 미통신대시설 부지로 함께 보호되어 온지라 자연성이 잘 보전되어 온 것이다. 최소한 남산에 보호 철조망이 유지된 시대까지는 보호가 되었다.

성곽길과 헤어져 나무계단으로 된 경사길을 내려가게 되는데, 이 곳 계곡이

깊어 물푸레나무, 귀룽나무, 산벚나무, 층층나무 등의 낙엽활엽수림이 잘 보호되어 있었다. 이것도 잠시, 조금 더 내려가면 오른쪽에 화강편마암이 풍화중인 지라 키가 낮은 소나무, 노간주나무, 아카시나무 등을 볼 수 있었다. 남산에도 이와같이 척박한 지역을 쉽게 볼 수가 있다. 내리막 길을 더 내려가면 계곡 개울에 물이 20년전만해도 많이 흘렀다. 이곳에서 막걸리 한 잔할 수 있는 매점이 있었다. 조금 더 내려가면 대경목 아카시나무림속에 소면적의 줄사철나무군락을 볼 수 있다. 남산에 줄사철나무가 자생하는 것이다. 온대 남부 지방에 자생하는 나무가 어떻게 살고 있는지? 그런데 북측 산책로에 실개울을 조성하면서 많은 곳에 줄사철나무를 무더기로 지피식물로 식재하였다. 면적으로 감지되어 지나치다.

이 산책로는 성곽길 조성하기전에는 팔각정 주차장에서 장충약수터로 내려가는 지름길이었다. 동쪽 매표소, 국립극장 입구로 내려갈 수 있는 길이다.

다시 성곽길 입구로 돌아 간다. 1990년대 중반까지 콘크리트 도랑 너머 철조망은 범접할 수가 없어 매일 숲의 구조를 눈으로 보기만하고 돌아가야만 했다. 2000년대에 들어와 남산 르네상스 계획에 의해 성곽길이 새롭게 생겨난 것이다. 그런데 필자가 이 길을 처음 찾았을 때, 신갈나무들이 베어지고 훈증처리로 신갈나무 무덤이 수 십기 만들어져 있었다. 충격적인 광경이었다. 남산의 대표적인 신갈나무숲에 길이 나고, 신갈나무 공동묘지가 들어선 것이다. 남산에서 끝까지 지켜야 할 숲으로 바라볼 때마다 만족스런 웃음을 지었던 지역이 산산조각이 난 것이다. 정말 생태적인 희망이 있는 나라일까?

새로난 길이라고 일본 원산인 철쭉종류 영산홍이 심어졌고, 고사리 종류로서 조경식물인 관중이 심겨 있다. 울고 싶었다. 이 길을 아무 생각 없이 조잘거리며 걸어가는 시민들을 바라보고 있는 내 자신이 처량하였다. 항상 필자를 왕따시키니 말릴 기회조차 없다. 이제 팥배나무 세상길이 되었다. 이 지역의 팥배나무 밀도가 남산숲 중 가장 높을 것이다. 이곳 팥배나무는 신갈나무보다 큰 개체들도 있고, 5월초에 피는 흰꽃은 장관이다.

팥배나무가 이끄는대로 길을 걷자면, 성벽을 넘는 나무 계단으로 오르는 전망대 앞에 이른다. 성곽 위에 올라서니, 신라호텔이 가깝게 보였다. 성벽 밖에 거목의 팥배나무가 성곽위에 선 나를 바라보고 있다. 말로는 문화재를 보호해야 한다면서, 성벽위를 올라 간다니 아이디어를 낸 사람이 측은하다. 성벽을 넘어 계단 길을 내려가면, 오른쪽으로 남산산악회, 왼쪽은 성벽을 따라 내려가는 길이다. 오른쪽 숲은 신갈나무를 기본으로 하지만 거목의 아카시나무 집단이 자리하고 있다. 2000년도에 신갈나무숲속에 인삼 수십 포기가 자라고 있었다. 누군가 산속이고, 흙이 좋으니까 자기만 아는 장소에 삼씨를 뿌려 놓은 모양이다.

성벽을 따라 내려 가는 길 주변에 남산숲에서 이제(2018년)는 흔하게 볼 수 없는 식물들을 만날 수 있었다, 떡갈나무, 쥐똥나무, 쪽동백, 생강나무, 음나무, 산딸나무, 작살나무의 아름다운 열매, 산초나무, 옻나무 단풍, 노간주나무, 산딸나무, 개암나무 등을 만나 특징을 판별할 수 있는 좋은 학습 탐방로이다. 1981~1986년에 식재한 복자기가 섞여 있다. 복자기는 오대산과 같은 온대 북부에 자생하는 나무를 단풍이 곱다고 남산 여기 저기 심어 놓았더니, 이제는 잘 적응되어 남산 자생나무들과 섞여 살고 있다. 이식해야 되나? 놔두어야 되나?

1. '07~'17년 성곽길

성곽길(한양도성 순성길)은 생긴지 얼마되지 않는다(17.10.07)

이 지역에서 자생하는 초본식물이 사라졌다(12.11.08)

산책로 조성하는 것에 보태 외래종 철쭉까지 식재했다(13.05.15)

산책로의 하일라이트는 성벽을 넘어가는 나무계단을 설치한 것이다(13.05.15)

성벽을 넘는 코스를 안내도면에 표시하였다. 문화재 보호를 이렇게 하는가(17.10.07)

이 성벽을 넘는다(12.10.14)

성벽 전망대에서 우이봉, 오봉이 보인다(17.10.07)

국립극장과 호텔이 남산 녹지로 너무 깊숙하게 들어와 있다(17.10.07)

남산 북동쪽은 소나무숲이다(17.10.07)

성벽에 사용한 돌 크기가 매우 다양하다(17.10.07)

신갈나무 숲으로 특유의 정형적인 숲이었다(06.10.14)

'11년에는 벌채된 신갈나무 무덤이 일상적이 되었다(11.10.31)

곳곳에 이런 신갈나무 무덤이 만들어졌다(17.10.07)

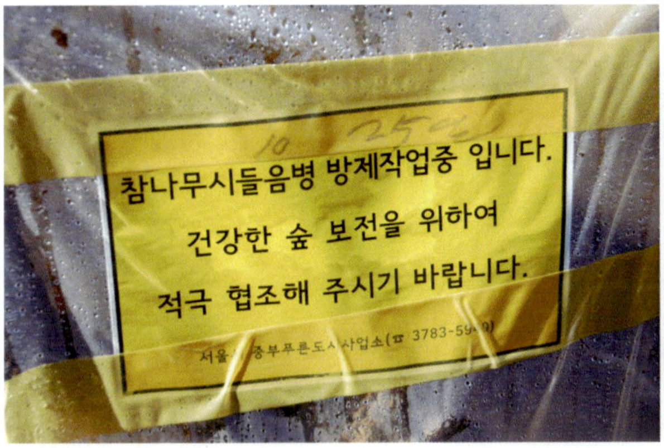

참나무시들음병 방재작업을 알리는 표지판(11.10.31)

방제처리한 농약병까지 넣어 두었다(11.10.31)

참나무 무덤.(11.10.31)

참혹한 현장이다(11.10.31)

베어낸 참나무 더미(11.10.31)

나무를 베어 내어 헐렁한 신갈나무 숲(11.10.31)

고사한 신갈나무(12.11.08)

대형 신갈나무 그룹(12.10.20)

어린 갈참나무(13.05.15)

참나무들이 시들음병 방지용 비닐을 두르고 있다(13.05.15)

대형 졸참나무(13.05.15)

상수리나무 수피(13.05.15)

남산제비꽃(06.10.14)

큰애기나리군락(06.10.14)

고사리 군락(11.10.19)

이끼종류(11.10.31)

콘크리트 수로를 조성하기전에 이 지역은 많은 자생 초본식물이 자랐었다(12.10.20)

큰애기나리군락에 서양등골나물이 침입하였다(12.10.20)

고사리를 식재하였다(13.05.15)

조록싸리를 볼 수 있었다(13.05.15)

큰애기나리와 남산제비꽃이 함께 살아 남았다(13.05.15)

본 지역이 남산에서는 그런대로 자연스러운 신갈나무 숲이었다(13.05.15)

아직은 남산 곳곳에 남아있는 산뽕나무(17.10.07)

초피나무와 작살나무(17.10.07)

분진이 쌓여 있는 신갈나무 잎(17.10.07)

미국선녀벌레 배설물이 쌓인 국수나무 잎(17.10.07)

분진이 쌓인 느티나무 잎(17.10.07)

팥배나무 두 주의 수관(11.10.19)

잎이 진 팥배나무. 잔가지가 아름다운 나무이다(12.10.20)

신갈나무가 없어지자 팥배나무가 늘어 났다(12.10.14)

팥배나무 줄기가 상당히 굵다(12.10.14)

팥배나무 동네는 흰꽃 잔치중이다13.05.15)

팥배나무 흰꽃(13.05.15)

팥배나무 붉은 열매(17.10.07)

신갈나무 뿌리목의 맹아(11.10.19)

베어진 그루터기에서 자란 신갈나무 맹아(11.10.31)

졸참나무 맹아(12.11.08)

신갈나무 맹아가 2~3년동안 자라났다(17.10.07)

베어진 신갈나무 등걸 옆에 태어난 오동나무(12.10.20)

느티나무가 곱게 단풍이 들었다(11.10.31)

어김없이 서양등골나물은 꽃을 피고 얼굴을 내밀었다(11.10.19)

정착한지 3년이상된 일본목련(11.10.19)

어린 가중나무(11.10.31)

모습을 들아낸 오동나무(12.11.08)

2년정도 자란 오동나무. 최근에 자연훼손 현장에 나타나는 식물이 됨(12.10.20)

오동나무와 서양등골나물(12.10.20)

5년만에 오동나무는 성목이 되었다(17.10.05)

5년전에는 키가 0.4m, 5년 후인 '17년에는 5m에 이른다(17.10.05)

현재 남산에 몇 주 안된다고 방심하면 안 될 것 같다(17.10.05)

일본목련도 키가 4m 가까이 커 버렸다(17.10.05)

환삼덩굴 집단(12.10.14)

서양등골나물의 기습(12.10.14)

누리장나무가 집단을 이루기 시작했다(12.10.20)

아카시나무 가지끝이 말라죽고 있다(11.10.19)

신갈나무가 없어지자 단풍나무가 늘어났다(11.10.31)

신갈나무숲 아교목층과 관목층을 단풍나무가 완전 점령하였다(12.11.08)

새로 조성한 산책로변에 자생종도 아닌 관중을 관상용으로 식재하였다(13.05.15)

여기저기에 이대가 식재되었다. 숲으로 확대되지 않기를 빌 뿐이다(17.10.07)

때죽나무 군락(17.10.07)

산벚나무가 고단하다(12.10.20)

상춘약수터에 이르는 나무데크길(12.10.14)

상춘약수터 '90년대 모습(90.11.07)

허술한 배드민트장 모습(01.01.25)

2. '18년 10. 28 성곽길

성곽전망대에서 보이는 서울타워와 숲(18.10.28)

단풍든 성곽길(18.10.28)

성곽전망대(18.10.28)

문화재인 성벽을 넘으려니 묘한 감정이 든다. 이 방법밖에 없을까(18.10.28)

성벽 쌓은 돌의 크기가 매우 다양하다(18.10.28)

성벽안에 사는 소나무가 성벽을 기대고 서 있다(18.10.28)

아스라한 성곽길(90.11.20)

성곽옆 숲에는 아카시나무가 많이 섞여 있다(01.01.25)

한양도성순성길 상징판(18.10.28)

남산공원 안내판이지만 시설물 위주이다(18.10.28)

신갈나무숲의 가을(18.10.28)

붉게 단풍든 갈참나무 잎(18.10.28)

아카시나무(앞)와 팥배나무(뒤)(18.10.28)

신갈나무 맹아(18.10.28)

신갈나무 단풍(18.10.28)

떡갈나무 잎(18.10.28)

단풍 든 거목의 팥배나무(18.10.28)

유달리 키가 큰 팥배나무(18.10.28)

식재된 단풍나무 종류인 복자기. 남산 자생종이 아님 (18.10.28)

팥배나무 거목 동네(18.10.28)

팥배나무 잎과 열매(18.10.28)

팥배나무 거목(18.10.28)

신갈나무와 팥배나무 혼효림(18.10.28)

신갈나무숲(18.10.28)

성안 동네 신갈나무숲(18.10.28)

소나무가 신갈나무 등으로 포위되어 있다(18.10.28)

모은행 창립 1백주년 기념행사로 식재한 소나무(18.10.28)

해바라기 소나무일까(18.10.28)

식재한 소나무숲 관목층을 비워 놓았다. 상생 관목을 심어야 한다(18.10.28)

거목 산벚나무 뿌리목(18.10.28)

때죽나무(18.10.28)

단풍 든 때죽나무 잎(18.10.28)

아카시나무 어린나무(18.10.28)

대경목의 아카시나무림(18.10.28)

쥐똥나무(18.10.28)

성곽과 느티나무(18.10.28)

쪽동백나무 잎(18.10.28)

단풍 든 생강나무(18.10.28)

남산에서 희귀수종이 되어 버린 생강나무(18.10.28)

복자기 단풍 잎. 잎이 3장 소엽으로 구성된 복엽 (18.10.28)

산뽕나무(18.10.28)

복자기를 너무 많이 심었다(18.10.28)

단풍나무(18.10.28)

고사리 군락(18.10.28)

남산제비꽃이 쇠퇴중이다(18.10.28)

국수나무(18.10.28)

남산에 자생하는 국수나무는 여러 곳에서 볼 수 있다 (18.10.28)

음나무 단풍(18.10.18)

식재한 산딸나무 단풍(18.10.28)

단풍 든 산딸나무 잎(18.10.28)

물오리나무(산오리나무). 과거에는 사방사업으로 많았을 것이다(18.10.28)

작살나무 잎과 열매(18.10.28)

작살나무 열매. 식재했을 것이다(18.10.28)

산초나무의 단풍 든 잎(18.10.28)

단풍 든 옻나무(18.10.28)

노간주나무(18.10.28)

단풍든 산딸기(18.10.28)

단풍든 개암나무(18.10.28)

제8부

북측 산책로

제 8 부

북측 산책로

북측 산책로는 동쪽 매표소, 국립극장 입구에서 올라와 장충약수터 입구 버스 정거장에서부터 시작된다. 버스 정거장–장충 약수터–국궁장–장충단 공원 가는 길 입구–황톳길–동국대 가는 길 입구–남산 제1호 터널 환기센터 쉼터–남산관리사무소 입구–와룡묘–목멱산방–한양공원 표석에 이르는 길이다. 자연생태 길이라고 하며 거리는 1,650m라고 한다. 현장의 실질적인 명칭이 아니고, 추상적인 길 이름이라 설명하기 곤란한 명칭이다. 본 자연생태길은 경사가 완만하고 포장되어 있어 시민들이 삼삼오오로 그룹을 지어 산책하는 인기있는 길이다.

여기서는 장충약수터 입구부터 시작한다. 실개천이 이곳부터 조성되어 있다. 실개천은 경사진 물길을 흐르면서 내는 물소리, 바람소리, 새소리, 풀벌레소리, 산책하는 사람들 이야기 소리가 어우러진 소리길로서, 걷고 싶은 길이다. 혼자서 느긋하게 걸으면 이런 소리들을 들을 수 있다. 미세먼지만 좋은 수준의 날이면 산책로로 제일 적합. 석호정 지나는 길 서쪽에 남산소나무 힐링숲이라는 명칭을 가진 소나무숲이 자리하고 있다. 홍살문 형태의 문까지 조성되어 있고, 우리나라 소나무의 생태형, 남산 소나무숲의 위치 등의 안내판까지 갖추고 있다. 그러나 탐방기회는 예약한 그룹에만 기회가 주어지기에 항상 문이 닫혀 있어 개인별 탐방은 곤란하다. 이 지역 소나무도 남산 여느 소나무숲 상태와 같은 모양이다. 줄기는 휘고, 수관폭은 넓으며, 수피색은 회갈색인 소나무로, 남산을 대표할 수 없는 불량개체 소나무의 집단이다.

석호정 인근 실개천변에 왕대를 식재하였다. 이 왕대 세가 왕성해져 소나무

숲속으로 번져 들어가지는 않을까? 실개천시공회사에서 식생을 복원한다고 심었을 것이다. 공원녹지담당 부서에서 엄격하게 검토하고, 감리했어야 한다. 몰랐다 라는 말은 용서할 수 없는 말이다. 앞으로 10~20년 후에 벌어질 일을 차단했어야 한다. 그저 필자의 우려가 틀리기를 바랄뿐이다. 토목공사 공작물과 건축물은 건설한 후, 50년 후에는 재정비해야 한다. 나무는 올바른 식재후 관리가 잘 되면, 50년 후에는 성숙한 나무 또는 숲이 되어 아름다운 자연의 일부가 된다. 그러기에 숲속 나무들이 몇 백년을 잘 살아 주기를 기원한다. 콘크리트와 철근을 기본으로 하는 토목인과 건축인과는 본질적으로 사고가 다르다. 왕대 그룹의 지표면을 줄사철로 식재하였다. 이곳은 정원이 아니라 남산숲이다.

장충단공원 가는길 초입으로 접어든다. 길 오른쪽에 매점이 있었고, 운동시설이 넓게 설치되어 있었다. 매점과 많은 운동시설을 철거하고, 대형 소나무를 식재하여 자연복원을 시도한 장소이다. 입구에 은행나무가 식재되어 있는데, 우듬지가 없는 개체 수형이 기형으로 자라고 있다. 은행나무도 침엽수와 같이 나자식물(裸子植物)이기에 우듬지가 있어야 원추형 수형이 형성될 수 있다.

이 곳 복원지는 계단상으로 되어 있는데, 가장 아래쪽에 키가 2m에 가까운 붉나무를 볼 수가 있다. 옻나무과이기는 하지만 옻 알레르기와는 무관하고, 단풍이 붉게 물들어 붉나무로 부른다. 옻나무와 다른 점은 복엽에서 작은 잎을 엮어 주는 줄기 같은 축을 엽축이라 하는데 붉나무는 엽축에 날개(wing)가 있고, 옻나무는 없다. 물론 옻나무잎도 단풍이 붉게 든다.

이 길 좌우도 척박하다. 아카시나무들을 베어 내고, 어린 소나무를 식재하였다. 남겨진 큰 소나무들도 수형이 불량하다. 길 옆의 한 소나무는 가지가 길게 자라나 길위를 덮은 형상이다. 척박한 지역이라 아카시나무, 때죽나무, 팥배나무, 나무딸기, 붉나무, 미국자리공, 족제비싸리 등이 관찰된다. 족제비싸리는 미국이 원산지로 우리 국토가 헐벗었을 때 녹화용으로 들여와 식재한 수종. 우리나라 토종 싸리나무는 잎이 3장의 소엽으로 구성된 반면, 족제비싸리는 소엽이 11~25장으로 구성되어 있다. 잎에서 냄새가 지독히 나서 소도 먹지 않는 식물이다.

경사가 급한 콘크리트 계단을 내려갈 즈음, 왼쪽지역에 대형 아카시나무를 베어내고, 큰 소나무들을 식재하였다. 그런데 칡과 환삼덩굴이 지표면을 덮고 있었다. 그대로 방치하면 소나무에게도 화가 미칠 것은 당연한 일. 오른 쪽에 최현배 선생님 공덕비와 상수리나무, 은행나무 거목이 마주하고 있다. 본 길 마지막 나무는 느티나무로 상당한 거목이다.

장충단 공원 가는 길 입구에서 북측 산책로를 다시 걷는다. 이곳은 짧은 거리지만 50~70년생의 거목의 벚나무가 가로수이다. 사계절 가로수 풍광이 아름답다. 벚나무 가로수길과 연이어 거목의 단풍나무 가로수 길이 연속된다. 2018년 11월 12일에 답사하였을 때 단풍이 절정이었다. 이 길은 양쪽에 심겨진 단풍나무가 크게 자라 단풍터널을 이루고 있어 더욱 아름답다. 단풍나무 가로수길 북쪽으로 새롭게 황토길을 조성해 놓았다. 아직도 황토길 이용이 많을까?

황토길 맞은 편 낮은 구릉은 화강편마암이 분해된 마사토양인데, 이곳에 팥배나무가 집단으로 자라고 있다. 소나무도 이곳에서는 팥배나무를 대적하지 못한다. 노간주나무가 팥배나무들 틈속에서 자라고 있다. 노간주나무는 측백나무과에 속하며, 보통 암반이 드러난 척박한 지역에 자생하는 나무이다. 일반적으로는 소나무밑 아교목층에서 노간주나무가 자란다. 그러나 항상 통하는 논리는 아니다. 전남 화순 운주사 대웅전 뒤곁에는 소나무와 노간주나무가 절반씩 섞여 있다. 그런데 노간주나무가 소나무들보다 키가 큰 것을 여러 주 볼 수 있다. 노간주나무 줄기나 가지를 불에 굽혀 소 코뚜레로 사용하여 소코뚜레나무라고 하며 옛날 농촌에서는 귀하게 여기던 나무이다.

황토길 서쪽 끝에 동국대와 연결된 산책로가 나 있다. 이 길은 남산 산책로 중 가장 척박한 지역이다. 길 입구 우측이 팥배나무숲, 좌측에는 소나무, 아카시나무, 상수리나무가 살고 있는 숲이다. 이곳 어린 소나무는 아카시나무를 베고 심은 것이다. 팥배나무숲은 80%이상이 팥배나무로 구성되어 있는데, 팥배나무 3대가 함께 살고 있다. 팥배나무가 모여 살 수 밖에 없는 이유는 토심이 얕은 토양이기에. 뿌리가 살짝 왕모래로 덮혀 있는데, 뿌리가 길게 뻗어 나갔고,

긴 뿌리에서 촘촘하게 맹아가 발생하여 어린 팥배나무가 줄 지어 서 있었다. 아울러 흙 깊이가 깊은 지역에서는 종자묘목이 다북하게 자라고 있었다. '18년 11월 12일에 이곳을 찾았을 때는 누런 잎과 붉은 열매가 앙상블을 이루고 있었다.

북측 산책로에 물푸레나무가 줄지어 있어 식재된 것 같다. 하였튼 물푸레나무가 무리를 지어 있어 반가웠다. 산책로에서 언뜻 언뜻 보이는 먼곳의 거목 아카시나무 수관층 끝가지가 말라죽고 있는 것들이 여러 군데에서 관찰되어 안스러웠다. 남산 녹화의 주요한 역할을 한 노병들이 사라지고 있다.

제1터널 환기소 건물앞 휴게소에 나무데크를 설치하고 휴게용 의자를 설치하였다. 이 지역 소나무들은 식재한 것들이 많은데, 시장에 나온 것중 가장 불량한 개체만 모아 심은 모양이다. 줄기는 경사지거나 굽었으며, 수관내 가지는 비틀어지고, 수피는 흑회색이다. 이왕 심을 거라면 "철갑을 두른 듯한 소나무"이어야 하지 않았을까.

소하천 여러 곳에 산쪽으로 줄사철을 넓게 식재하였다. 남산자연공원에서 너무 인위적인 공간이다. 지피식물은 눈에 띄지 않을 정도로 식재해야 한다. 자연공원에서 물소리가 정겨워 걷지만, 계속되는 줄사철 식재지의 부조화 경관으로 마음이 무겁다.

산책길에 공간적 여유가 있었던지, 거목의 느티나무를 심고 밑에 관상용 철쭉을 식재하여 놓은 공간이 있다. 남산 자연속에서는 한복 저고리에 서양식 바지를 입은 꼴이다. 이곳이 도심의 소공원도 아닌데, 도심공원의 휴식처를 모방한 것이다. 남산이라는 전체 자연을 생각해야 한다. 남산공원관리사무소에서 산책로에 오르면 꽃밭이 눈에 들어 온다. 완전하게 관상식물로 조성한 꽃밭이다. 조금만 생각하면 아쉽다. 남산에 자생하는 수목과 초본류들을 식재하고 모든 식물에 이름표를 달아 주었으면 어떨까. 남산을 구성하고 있는 식물들을 시민들에게 알리고 보호해야 한다는 마음을 일으켜야 한다. 미니 신갈나무숲을 조성하고 더불어 살아가는 식물중 점점 개체수가 줄어가는 현상을 알려 남산 숲이 힘든 상황에 처해 있고, 모두 사람들의 그릇된 과욕의 소비가 그 원인임을 알려야 한다.

영국 런던시 서쪽 외곽에 위치한 Kew Garden은 전세계의 꽃피는 식물 25만종중 창립 100주년을 맞이하여 4/5를 수집하였는데, 종국에는 거의 모든 현화식물 수집을 목표로 하고 있었다. 2012년에 방문하였을 때, 종자 보관소가 용량이 넘쳐 자매 식물원에 저장하고 있다고 하여, 자매식물원을 방문하였다. 여기서 놀란 것은 우리나라 지리산 해발 700~800m에 자생하고 있는 수목 80여종으로 지리산숲의 자연 일부를 재현해 놓은 것이다. 언제 수집해 갔는지 모르지만 지리산 식물 종자를 확보한 것이다.

유럽제국들이 식민지와 후진국에서 식물종까지 모두 수집해 놓은 것이다. 하기야 런던의 Britsh Museum 1층 세계우표 수집 보관소에 가면 우리는 한 번도 보지 못한 대한제국 우표를 모두 볼 수 있는 것과 비교하면 놀랄 일도 아닐게다. 늦었지만 우리는 무엇을 해야 하는지를 매 순간 자신에게 질문해야 되지 않을까? 계속 걷다 보면 와룡(臥龍)묘에 다다른다. 와룡묘는 관우의 사당인데, 관우가 얼마나 용맹하고 지혜로웠으면 남산에 사당까지 세우고, 관우를 흠모할까. 이 근처 바위굴처럼 생긴 장소에서 1970년대에 무당들이 굿하고, 치성을 드리던 장소이다. 산불, 소음, 음식물 쓰레기 등으로 항상 문제이었는데, 관리사무소 직원들의 끈질긴 노력으로 사라졌다. 목멱산방을 지나면 인공폭포가 가슴을 시원하게 해 준다. 물은 항상 흐르기에 사람들은 물소리를 즐거워 한다. 또 항상 낮은 곳으로 흐르기에 겸손의 덕목을 실천하라고 일러준다. 물은 선생님이다. 이곳을 지나면 옛날 제3요금소가 나오고 길을 건너면 조선조말 고종 글씨라는 한양공원(漢陽公園) 표석이 보인다. 가련한 표석이다. 나라를 강탈한 자들에게 잘 살라고 황제가 써 주었다니 말이다.

서울타워에서 남산 북쪽을 바라보면, 한옥마을과 서울 천년타임 캡슐 광장이 한눈에 들어 온다. 남산측 입장에서 생각하여서, 각종 개발로 줄어 들기만 하였던 처지에 한 평이라도 남산다운 숲이 복원되었으면 하였다. 버스는 떠났고, 패자는 할 말이 없다. 한옥마을은 서쪽에 계류를 두고, 계류 끝에 방지를 조성하였다. 계류의 낙차로 인한 물소리가 적막을 깬다. 숲은 소나무와 졸참나무를 기본으로 한 활엽수숲이다. 식재된 소나무는 남산 불량 소나무숲과 차이가 나지 않는다.

한옥마을 입구 광장에서 바라보면, 남산 서봉과 동봉이 한 눈에 들어온다. 한 마리 누에 같다 하여 서봉을 잠두봉(蚕頭峯)이라 부르고 있다. 조선조 초기인 세종대왕 시절에 누에가 먹을 뽕나무를 지금의 잠실 강변에 식재, 뽕밭을 조성하여 국가에서 직접 관리했다고 잠실 뽕밭 복원지에 세운 해설판이 말해 주고 있다.

장충단공원은 1895년 을미사변때 희생된 군인들을 추모하기 위해 장충단(奬忠壇)을 고종명으로 세운 것으로 일제는 이 지역을 장충단공원으로 지정, 연못을 파고, 다량의 벚나무를 식재하였으며 각종 놀이시설까지 조성하였다. 일본이 패망한 1945년이후 이런 놀이시설을 없애고, 꾸준히 벚나무 대신 소나무와 느티나무가 주수종인 장충단공원으로 탈바꿈 시켰다. 공원 중앙 소나무숲가에 산딸나무들을 줄나무로 심어 가을이면 붉은 단풍이 요염하기까지 하다.

동국대 정문쪽 공원 입구, 이준상동상 앞에 심겨진 자작나무와 목백합나무는 무었을 상징할까? 사명대사 동상인근의 거목인 은행나무, 상수리나무, 느티나무들의 위용이 대단하다. 나무들은 이, 삼백년은 지나야 제 모습이 드러난다. 나름대로의 위용, 포용, 자연성을 갖게 된다. 사람은 몇 살이 되어야 나름의 제 모습이 들어 날까?

장충단공원이 일제 강점기시대에는 남산공원보다 더 넓었지만, 우리 손으로 망가트렸다. 동국대학교, 신라호텔, 자유센터, 국립극장, 타워호텔, 테니스장, 리틀야구장 등이 개발되고 뒤따라 공원용지에서 해제하였다. 공원을 해제하는 것이 문제가 없다는 식으로 계속해 나간다면, 서울에서 자연을 몰아내고 사람끼리만 살겠다는 생각이다. 공상만화이지만, 도시에서 인간이 사라지면 2~3백년 안에 자연이 복원된다고 일러준다. 자연을 계속 몰아내고 건설만을 일삼는 사람들에게 자연은 어떻게 보일까?

북측 산책로에 위치한 무속인 기도처(90.11.07)

또 다른 무속인 기도처(90.11.10)

일제시대에 남산 일부를 한양공원으로 지정하고 세운 표석(90.11.07)

남산에 터널을 건설한 후에 환풍시설 설치공사중. 숲파괴가 극심함(90.11.24)

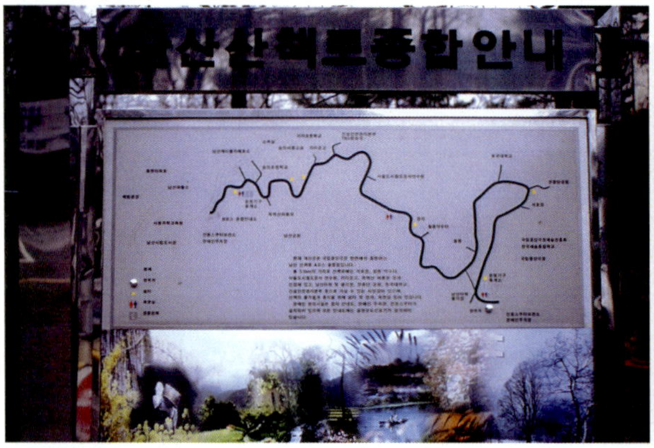

북측 산책로 안내판(00.04.01)

산책로 주변은 철제 휀스가 설치되었고, 이곳에 아카시나무가 살고 있다(01.10.22)

국립극장쪽에서 바라본 남산의 동봉 미군통신대 (93.10.11)

줄기가 곧은 소나무(90.11.24)

소나무 숲(99.06.06)

이렇게 줄기가 굽은 소나무도 있다(99.06.27)

상업은행 개설 1백주년 기념 소나무 식재지(99.06.06)

식재된 소나무가 솔잎혹파리 피해를 받았다(99.06.06)

(2) '06~'17년 북측 산책로 숲

북사면 식생 경관. 소나무가 능선부에 살고 있다 (17.10.07)

북사면의 신갈나무숲 가을 경관(06.11.06)

능선에 살고 있는 소나무(06.01.10)

수형이 비교적 양호한 소나무를 식재한 숲(08.04.06)

식재된 중형 소나무(08.04.06)

능선부는 아카시나무, 아래는 소나무림 (12.09.24)

소나무 우듬지(13.05.15)

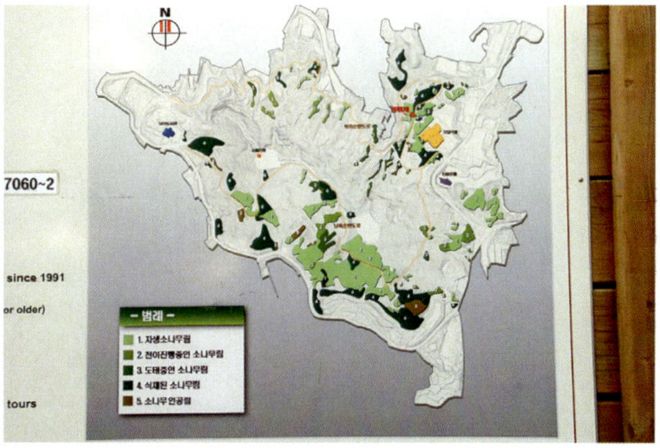

소나무 분포 도면, 북사면은 동북쪽에만 소나무숲이 분포한다(06.11.06)

국궁장 건너편의 소나무숲. 줄기가 굽은 장령림의 소나무숲(13.05.15)

식재한 소나무림. 남산 대표 소나무로 자랄수 있어야 하는데(17.10.07)

단풍나무(06.11.06)

신갈나무숲(12.09.24)

신갈나무숲(06.11.06)

단풍 든 졸참나무(06.11.06)

잎이 많이 떨어진 갈참나무(12.09.24)

팥배나무 전체가 흰꽃으로 덮혔다(13.05.15)

아카시나무들 거목(06.01.10)

아카시나무 뿌리에서의 맹아. 일본 조사에 의하면 뿌리가 150m까지 뻗어 나갈 수 있다 함(06.04.07)

어린 아카시나무(12.09.24)

아카시나무 대형목들(17.10.07)

아카시나무림(18.10.12)

'08년만 해도 산책로 인근에서 진달래를 볼 수 있었다(08.04.06)

식재된 개나리(08.04.06)

북쪽 산책로변에 실개울을 조성하였다(12.9.24)

실개울이 시작되는 소규모 못(12.09.24)

실개울 모습(17.10.07)

소규모 폭포까지 조성(12.09.24)

한식 식당 마당에 있는 물줄기가 여러 개인 폭포
(17.10.07)

북측 산책로 안내판(06.01.10)

북측 산책로에 조성된 꽃밭. 찬성과 반대가 있을 수 있다13.05.15)

식재한 왕대나무숲(17.10.07)

지표식물을 줄사철로 식재. 자생수종이라 하지만 대규모 식재다(17.10.07)

식재된 이대(17.10.07)

신라호텔 사면의 비술나무(08.04.06)

산책로변에 식재된 대형 프라타나스(06.01.10)

붉나무 잎(12.09.24)

남산에 이런 긴 계단이 있다(06.01.10)

와룡묘 정문인 홍살문(06.01.10)

와룡묘 표석(12.09.24)

벚나무 가로수길(06.11.06)

벚나무 가로수의 초봄. 가지에 붉은 빛이 돈다(07.04.07)

벚나무 가로수길의 가을(06.11.06)

때죽나무 꽃(06.05.23)

단풍나무 가로수 길(13.05.15)

'06년도의 이끼(06.01.10)

물푸레나무(17.10.07)

'17년도의 이끼(17.10.07)

음나무(17.10.07)

(3) '18년 북측산책로 숲

서울타워가 보이는 북사면 식생경관. 아카시나무, 신갈나무, 소나무 등이 혼재(18.10.29)

가을날의 북측 산책로(18.10.29)

소나무 식재지 위로 시내가 보임. 서울을 감싼 북한산, 북악산이 일시에 보인다(18.10.29)

이제는 낙엽제거를 굉음을 내는 기계 힘을 이용한다(18.10.29)

암반으로 된 계곡이지만 물이 흐르지 않는다(18.10.29)

남산이 껴안고 가기에는 벅찬 규모의 주택들이다(18.10.29)

북사면 가을 경관. 신갈나무림이 우세하다(18.10.29)

사울타워에서 내려온 아름다운 능선(18.10.29)

황토길 해설판(18.10.12)

유행이 지난줄 알았는데, 새롭게 조성한 황토길(18.10.12)

북사면 신갈나무 숲은 생태경관보전지역임을 알리는 표목(18.10.12)

북사면의 화강암지역이다(18.10.12)

북측산책로변 실개천은 오늘도 흐른다(18.10.29)

작은 소(沼)(18.10.12)

실개천 물은 겨울에는 흐르지 않는다(18.10.12)

실개천 일부 모습(18.10.12)

신갈나무숲 속에 어렵게 소나무가 생육하고 있다 (18.10.29)

능선의 소나무숲(18.10.29)

식재된 독일가문비나무(18.10.29)

바위에 엎드린 소나무(18.10.29)

터널 환기구 휴게소에 식재한 소나무. 불량한 소나무의 집합장소(18.10.29)

능선 등 척박한 지역에 소나무가 자생하고 있다(18.10.29)

우듬지가 없어져 곁가지가 자라나 수관이 넓어졌다 (18.10.29)

줄기가 심하게 굽은 소나무(18.10.29)

소나무인지, 예술작품인지(18.10.29)

미국이 원산지인 스트로브잣나무 잎과 솔방울 (18.10.29)

리기테다소나무 위용(18.10.29)

국궁장 과녁 배경은 소나무숲(18.10.29)

남산 소나림 분포도면까지 세운 소나무 탐방로는 항상 폐문(18.10.29)

소나무 탐방로 소나무도 불량 소나무만 가득하다(18.10.29)

좌측 소나무는 줄기가 붉은 적송이다(18.10.29)

가지가 뒤엉긴 소나무(18.10.29)

소나무와 산벚나무가 엮어낸 풍경의 아름다움(18.10.29)

소나무숲을 힐링공간으로 이용한다는 안내문(18.11.12)

겉으로는 소나무숲이지만 속내는 불량한 소나무 집합체(18.11.12)

대형 소나무 줄기(18.11.12)

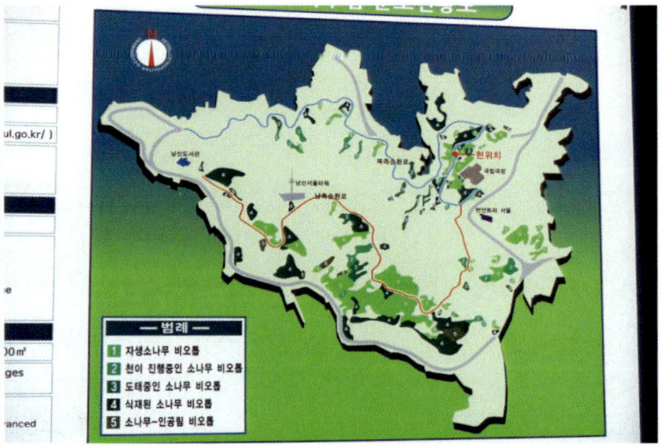

본지역은 북사면에서 소나무가 많이 모여 있는 지역이다(18.11.12)

북측 산책로의 벚나무 가로수길(18.10.29)

단풍든 벚나무 잎(18.10.29)

우측 가는 줄기는 뿌리목에서 자라나온 맹아(18.10.29)

줄기가 셋으로 갈라진 거대 벚나무(18.10.12)

벚나무 맹아(18.10.12)

짙은 적색으로 단풍 든 단풍나무(18.10.29)

단풍나무의 단풍이 잘 들었다(18.10.29)

단풍나무 가로수길(18.11.12)

단풍나무 위용(18.10.12)

수 많은 단풍 잎이 하늘을 가렸다(18.11.12)

단풍나무 위용(18.11.12)

단풍이 이제 시작된 단풍나무 가로수 길(18.10.29)

단풍나무 가로수 길(18.10.12)

열매만 달린 가중나무 암나무(18.10.29)

어린 가중나무들(18.10.29)

잎 떨어진 때죽나무(18.10.29)

때죽나무(18.10.29)

귀화식물인 거지덩굴이(18.10.29)

물푸레나무(18.10.29)

산책로변에 때로는 줄나무로 서 있어 식재한 것으로 추측되는 물푸레나무(18.10.29)

물푸레나무 수관(18.10.29)

잎 떨어진 물푸레나무(18.10.29)

물푸레나무 잎(18.10.29)

줄기가 미끈한 물푸레나무(18.10.12)

단풍 든 신갈나무(18.10.29)

능선위의 신갈나무 군락(18.10.29)

표토가 얇은 지역에서 살고 있는 신갈나무(18.10.29)

분진이 쌓인 신갈나무 잎(18.10.12)

신갈나무와 산벚나무 혼효림(18.10.29)

팥배나무 열매(18.10.29)

팥배나무(18.10.29)

키가 큰 팥배나무들(18.10.29)

능선부에 모여 자라는 팥배나무들(18.10.29)

열매를 많이 단 팥배나무(18.10.29)

가로에 서 있는 팥배나무(18.10.29)

팥배나무 거목의 뿌리목(18.10.29)

능선부에 자리잡은 팥배나무 군락(18.10.12)

건조한 지역에 자라는 노간주나무 마저 남산에서는 만나기 어렵다(18.10.29)

바위틈에서 자라고 있는 노간주나무(18.10.29)

식재된 전나무(18.10.29)

키 큰 전나무(18.10.29)

전나무 잎은 대기오염 물질로 쉽게 피해를 입는다(18.10.12)

능선부위의 아카시나무(18.10.29)

키가 큰 아카시나무(18.10.29)

아카시나무 고사목(18.10.29)

큰 아카시나무 집단 생육지(18.10.29)

아카시나무 위용(18.10.12)

키가 큰 때죽나무(18.10.29)

산뽕나무(18.10.12)

산뽕나무 잎(18.10.12)

식재된 조릿대 종류(18.10.29)

왕대를 식재했는데, 숲속으로 퍼져 나간다면 큰 문제가 발생할 것(18.11.12)

휴식장소에 외래종 철쭉을 조경수법으로 식재(18.10.12)

줄사철을 집단적으로 지피식물로 식재(18.10.29)

줄사철나무 집단(18.11.12)

왕대나무 식재지에 줄사철나무를 지피식물로 식재. 조경식재 수법(18.11.12)

식재된 느티나무(18.10.29)

조경식재한 느티나무들(18.10.12)

귀화식물인 단풍잎돼지풀(18.10.29)

어린 음나무(18.10.29)

단풍든 생강나무(18.10.29)

북사면에도 빠짐없이 오동나무가 나타났다(18.10.29)

최근에 많이 나타나기 시작한 오동나무들이 모두 크게 되면 문제(18.10.12)

고욤나무 열매(18.10.29)

산책로변이지만 자생종이 아닌 라일락을 식재(18.11.12)

고사리가 남아있다(18.11.12)

식재한 은행나무가 단풍이 들었다(18.11.12)

일본 원산인 화백(18.10.12)

화백 줄나무(18.10.12)

국수나무 군락(18.10.12)

미국자리공 집단(18.10.12)

2. 동국대 가는 길 숲

동국대 가는 길은 소로이지만 남산공원 안내도에 표시되었다(18.10.29)

동국대 가는 길 입구(18.10.29)

팥배나무를 덜꿩나무로 해설한 안내판(18.10.29)

동국대 가는 길은 산책로이다(18.10.29)

본 지역은 토양이 척박하여 팥배나무가 주를 이루고 있다(18.10.12)

팥배나무 잎. 장미과 식물(18.10.12)

큰 팥배나무들이 밀집해 있다(18.10.12)

단풍들기전 팥배나무 잎과 열매(18.10.12)

단풍든후 팥배나무 잎과 열매(18.10.29)

팥배나무 열매가 돋 보인다(18.10.29)

팥배나무 어린 나무가 밀집되어 있다(18.10.29)

산책로변의 어린 팥배나무들(18.10.29)

대형 팥배나무(18.10.29)

팥배나무 맹아 잎들(18.10.29)

팥배나무 맹아가 많이도 나왔다(18.10.29)

시루안 콩나물과 같이 빽빽하게 들어선 팥배나무들 (18.10.29)

팥배나무 열매가 많이도 달렸다(18.11.12)

팥배나무 줄기는 회색인데 남산은 검은 색(18.10.29)

이 지역에 자라는 소나무는 토양이 좋지 않아 수형이 불량하다18.10.12)

산책로 서쪽엔 팥배나무는 많지 않다. 상수리나무(좌), 리기다소나무(우)(18.10.12)

줄기가 굽은 소나무(18.10.12)

새로 식재한 소나무. 우듬지가 잘 자라야 하는데(18.10.29)

지상부로 노출된 소나무 뿌리. 천근성이다(18.10.29)

환경이 열악한데 소나무는 살아 남았다(18.10.29)

산초나무 잎. 척박한 곳에서 살 수 있다(18.10.12)

때죽나무 잎(18.10.12)

참싸리나무(18.10.29)

갈참나무 맹아(18.10.29)

갈참나무 잎(18.10.29)

맹아가 많은 갈참나무숲(18.10.29)

작살나무(18.10.12)

이끼가 남아 있다(18.10.29)

3. 장충단공원 가는 산책로 숲

장충단 공원 가는길 입구(18.10.12)

작은 소나무를 집단으로 심고 지주 말뚝을 설치(18.10.12)

우듬지가 있는 작은 소나무를 식재하였다(18.10.12)

우듬지가 없어지고 줄기가 5개로 갈라졌다(18.10.12)

장충단 공원 다 가서 식재한 소나무는 대형목인데도 우듬지가 존재(18.10.12)

식재한 소나무들 줄기가 어느 정도 통직하다(18.10.12)

기존 소나무들은 줄기가 몹시 구부러져 있다(18.10.12)

소나무 줄기가 길로 휘어져 행인에게 양산을 씌운 형국이다(18.11.12)

식재된 소나무들로 줄기 형상이 모범적이지 못하다(18.11.12)

은행나무 가로수(18.10.29)

은행나무 마저 우듬지가 사라져 수형이 불량하다(18.10.12)

팥배나무 집단(18.10.12)

산벚나무(18.10.12)

팥배나무 가을 잎과 열매(18.10.29)

잎이 진 팥배나무(18.11.12)

아카시나무 수관(18.10.12)

어린 아카시나무(18.10.12)

산벚나무 맹아(18.10.12)

물푸레나무 잎(18.10.12)

물푸레나무 수관(18.10.12)

상수리나무(좌)와 은행나무(우)의 수관(18.10.12)

잎이 진 상수리나무(좌)와 은행나무(우) 수관(18.11.12)

가중나무가 열매를 정말 많이도 매달고 있다(18.10.12)

어린 가중나무(18.10.29)

느티나무 위용(18.10.12)

느티나무 집단 식재지(18.10.12)

때죽나무(18.10.12)

미국이 원산지인 쪽제비싸리(18.10.12)

나무딸기(18.10.12)

미국자리공 집단(18.10.29)

붉나무 잎. 엽축(중간 부분)에 양쪽으로 날개가 있는 것이 특징(18.11.12)

국수나무(18.11.12)

환삼덩굴 집단(18.10.29)

옻나무 종류인 붉나무(18.10.29)

4. 한옥마을 숲

한옥마을 정원에서 남산 북사면이 한 눈에 들어온다 (18.10.12

북사면은 신갈나무숲이지만 건축물로 둘러싸인 녹지 섬이다(18.10.12)

전통정원 안내도(18.10.12)

조성 초기라 식재한 나무들이 자리를 제대로 잡지 못한 것 같다(95.05.15)

식재한 지 얼마 되지 않지만 기존 조경수법에서 벗어 나지 않았다(18.10.12)

줄기 통직성, 수관 넓이, 줄기 색갈 요소를 생각없이 심었다(18.10.12)

우듬지가 없어 측지가 길게 자라 수관폭이 넓어졌다 (18.10.12)

우듬지가 성장하고 있는데, 끝이 굽어 문제가 없을까 (18.10.12)

만토를 걸친 괴도 루팡 같다고나 할까(18.10.12)

소나무 위주 숲을 조성했건만(18.10.12)

작품이름 '절규'(18.10.12)

우듬지도 건재하고, 매년 한마디씩 자란 것을 볼 수 있다. 유한생장을 한 것이다(18.10.12)

굽어진 줄기가 한 눈에 들어온다(18.10.29)

줄기가 붉은 소나무가 별로 없다(18.10.29)

우듬지가 없는 소나무집단이 그려내는 평정형의 모습 (18.10.29)

이런 수형 나무를 식재한 것은 소나무의 정형적인 모습이 라고 생각(18.10.29)

전통정원에는 불량한 소나무를 식재하는 곳인지 (18.10.29)

어렵사리 자연형 계류를 조성하였다(00.10.13)

계류에 낙차를 이용, 물소리가 나게하였다(18.10.12)

계류 물이 방지에 흘러든다(18.10.12)

서울천년타임캡슐광장 표석. '94년에 조성하여 2394년 에 개봉예정(18.10.29)

타임캡슐광장 입구(95.05.15)

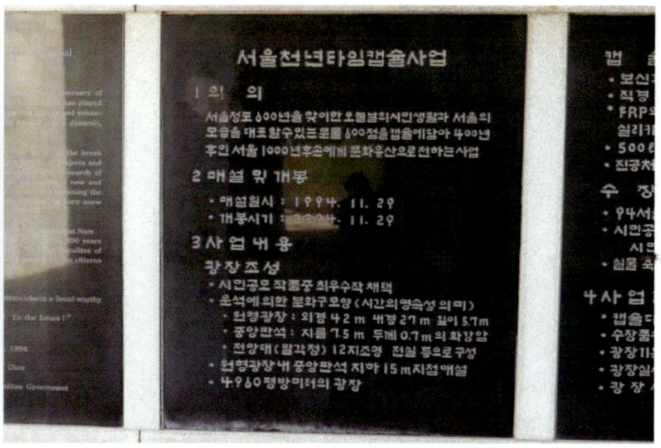

서울천년타임(1394~2394)캡슐사업 안내석(18.10.12)

타임캡슐광장에서 목멱산 잠두봉이 잘 보이는 곳이다(18.10.12)

타임캡슐이 묻힌 곳. 필자의 4점의 자연에 관한 자료도 함께 매장됨(18.10.12)

참나무숲(졸참나무가 주류)도 조성하였다(18.10.12)

활엽수림 단풍(18.10.29)

소나무숲속에 식재한 단풍나무의 단풍(18.10.29)

정원을 둘러싸고 있는 아카시나무(18.10.12)

정원밖의 가중나무가 위협적 이다(18.10.12)

사철나무에 쌓인 먼지(18.10.12)

생강나무의 가을 얼굴(18.10.29)

먼산에 소나무 보호아래 신갈나무, 산벚나무 등이 가을 옷으로 갈아입고 있다(18.10.29)

개암나무가 가을 얼굴로 변해가고 있다(18.10.29)

5. 장충단공원

장충단공원 안내도. 남산 자락이다(18.10.16)

장충단공원 내력. 1895년 을미사변시 희생한 이들을 기리기 위한 장소임(18.10.16)

순종이 쓴 황태자시절 글씨의 장충단(奬忠壇) 비(18.10.16)

소나무 하부에 산딸나무(좌), 단풍나무가 홍조를 띠고 있다(15.11.12)

큰 소나무를 식재. 줄기는 통직하나 수관내 줄기와 가지가 여러 모양(18.10.12)

줄기와 가지는 모범적이지 못하나 줄기 색은 적송에 가깝다(18.10.12)

이런 소나무를 심을 수 있을까(18.10.12)

가분수의 소나무. 본 공원의 중심을 잡을 수 있을까(18.10.12)

식재한 소나무들 중에 웃자란 나무도 있다(18.11.12)

느티나무 수관(18.10.12)

전면 대형 느티나무, 후면 대형의 은행나무 2주 (18.10.12)

느티나무 위용. 좋은 수형은 아니다(18.10.12)

잎 떨어진 느티나무가 열 지어 있다(18.11.12)

느티나무 대형목의 뿌리목.(18.10.12)

대형 은행나무(좌)와 상수리나무(우). 후자는 자생의 나무인 것 같음(18.10.12)

상수리나무 거목(18.10.12)

은행나무 거목(18.10.12)

은행나무 뿌리목. 한 나무일까, 두 나무일까(18.10.12)

잎진 은행나무 위용(18.11.12)

전철역 동국대역쪽의 은행나무 거목 (18.11.12)

거목의 튜립나무(백합나무)(18.10.12)

팥배나무를 조경수목으로 심었다(18.10.12)

자작나무를 동상 주변에 식재했다(18.11.12)

단풍 든 산딸나무(18.11.12)

산딸나무 단풍(18.11.12)

청계천에서 쫓겨온 수표교가 제자리로 못 가고 있다 (18.10.12)

수표교 상부 물길변 식생(18.10.12)

수표교 하부 물길변 식생(18.10.12)

찻집 앞마당에 식재한 감나무(18.11.12)

요즈음 서울시내는 공원, 가로수로 이팝나무를 많이 심는다(18.11.12)

감은 가을 풍광의 좋은 소재(18.11.12)

붉은 단풍색갈이 짙다(18.11.12)

이팝나무 단풍(18.11.12)

빠짐없이 이곳에도 이대를 식재하였다(18.10.12)

찻집 분위기가 안밖으로 고즈넉하다(18.10.12)

일본에서 많이 키우는 편백잎고사리(18.11.12)

제9부

서측 도로(팔각정 주차장 ~시립도서관)변 숲

제 9 부

서측 도로(팔각정 주차장~시립도서관)변 숲

서측도로는 팔각정 주차장에서 과거에 제 2 요금소로 불리우던 시립도서관 앞, 자동차가 나가는 문까지다. 팔각정 주차장 서측에 대형 뽕나무가 자라고 있다. 수형이 단정하고, 노란 단풍잎은 부드럽다. 이 곳에서 성벽을 기댄 느티나무, 성벽에 살고 있는 느티나무 등 여러 서목의 느티나무가 보인다. 조신조 시대에 비상시에 사용할 목재를 위해 느티나무를 심지 않았을까.

느티나무는 고려시대부터 관청 건물과 절집 기둥, 대들보로 사용되었다고 한다. 대표적인 건물이 강화도 전등사 대웅전으로, 대웅전 기둥을 느티나무 목재로 만든 것이다. 느티나무를 기둥으로 사용할 수 있는 거목을 구하기가 쉽지 않았다. 그래서 왕궁내나 절집내에 느티나무를 여러 주씩 키웠다, 각종 재해로 목재건물이 소실되면 속히 복원하기 위해 느티나무를 집안에 식재한 것이다. 지금 남아있는 절집 입구나 내부에 느티나무가 거의 심겨 있다. 전등사내에는 물론, 강화도 정수사에도 절집 앞에 많은 느티나무가 서 있다. 느티나무가 많기로는 경기도 양평군 수종사로 절집 앞 계곡에 거목의 느티나무 수 십주가 숲을 이루고 있다. 또한 느티나무를 싸리나무라고 하는데, 사리나무가 경음화 된 것이다. 사리함을 느티나무로 만들었기에 사리나무라는 명칭이 부쳐진 것이다.

조선조에 들어와 느티나무 거목을 구하기가 힘들어 지자, 소나무로 대체한 것이다. 그리하여 조선조에는 전국 좋은 소나무가 사는 지역을 송금제도(松禁制度)인 봉산(封山)으로 지정하여 보호하였다. 지금까지 이런 표석이 많이 남아있다. 치악산 구룡사 매표소 왼쪽의 표석(標石)도 하나의 예이다.

성곽에 느티나무를 심어도 관계없는지? 듣기로는 성벽인근에 나무를 심어 놓으면 적군이 나무를 타고 올라 쉽게 성내로 쳐 들어 온다하여 나무를 심지 않았다고 한다. 뽕나무 옆에 칠엽수 몇 주가 자라고 있다. 더 내려가면 도로 오른쪽으로 화백이 줄나무로 심겨 있다. 당시 인터내셔날 시대가 올 것을 예상하였기에 국적 불문하고 여러 수종을 심었을까? 화백 줄나무 도로 맞은 편에 대형 프라타나스 3주가 있었다. 서울타워에서 볼 수 있었다. 최근 벌채하여 큰 나무는 사라지고, 뿌리목에서 자라난 어린 나무가 자라고 있다. 여기서 조금 내려가면 1980년대에 심은 방크스소나무가 몇 주 남아 있다. 북미 추운지방에 자생하는 나무로 침엽이 2개씩 묶어 나고, 잎 길이가 3~4cm로 짧다. 우리나라에 들여와 공원수, 차폐식재용으로 심었으나, 수형도 좋지 않아 관리가 되지 않아 거의 도태되어 보기가 힘들다.

도로를 따라 내려가면 넓은 소나무 식재지가 보인다. 1990년대에 아카시나무를 베어 내고, 큰 소나무를 심은 지역이다. 길옆이라 그런지 식재후 수년간 풀깍기 작업을 해서 소나무는 크지만 관목층이 부실하다. 생물다양성을 파괴하여 결국 자연을 파괴한 것이다. 남산은 소나무를 목재 생산하기 위해 나무를 심는 곳이 아니다. 소나무와 공생하는 식물들이 함께 생존하여 자연의 안정성에 도달할 수 있게 돕는 것이 남산 소나무숲 관리 목표일 것이다.

소나무숲 끝에 천일약수터로 향하는 산책로가 있다. 그런데 입구에 은행나무 여러 주가 자라고 있다. 자연공원 숲중에 화석식물이면서 외래종인 은행나무가 왜 심겨져 있을까? 무슨 생각을 하고 싶었을까? 옆에 소월로로 내려가는 콘크리트 계단길 입구옆에 칠엽수 여러 주가 서 있다. 다른 지역과 마찬가지로 말밤에서 싹튼 어린나무들이 빼곡하게 자라고 있다.

서측도로 가로수인 벚나무는 지난 40년간 자라나 줄기가 매우 굵어져 꽃이 피지 않는 철이라도 대경목의 줄나무는 아름다운 경관이다. 서울타워에서 내려다 보이는 벚꽃 경관, 가을 벚나무의 단풍이 아름답다. 세월이 갈수록 서쪽도로의 벚나무 풍광은 더욱 사랑스러워진다.

서측도로 두 계곡은 1980년대에 짧은 시간에 집중강우로 산사태가 나서 하부의 도로를 토사가 덮쳐 교통이 통제된 적이 있었다. 복구과정에서 수로는 거의 직선이 되고, 돌 수로와 콘크리트 제방의 과도한 공사 결과물이 상당히 이질적이다. 두 계곡에 메타세콰이아와 이대가 자라고 있다. 메타세콰이아는 식재한 지 40년이 지나자 키가 훌적 커서 서울타워에서 관찰이 되며 이 지역 트레이드 마크가 될까 걱정스럽다.

서쪽 도로를 반쯤 내려가다 보면, 키가 25m이고, 수령이 40년 정도인 오동나무가 길 오른쪽에 외롭게 서 있다. 오래전부터 줄기에 딱따구리들이 먹이를 찾았던 구멍 4~5개의 상처를 안고 지내 왔다. 2017년 10월에 보았을 때는 온몸에서 맹아가 자라고 있어 수가 얼마 남지 않았음을 느꼈다. 서측 도로 오른쪽 숲에는 여러 수종이 식재되어 있다. 독일가문비, 전나무, 잣나무 등은 아교목층 수종으로 자라났다. 여러 침엽수들의 적응 시험을 한 것 같았다. 매표소 인근에 일본 원산의 계수나무, 미국 원산의 튜립나무, 중국 원산의 은행나무가 머리를 맞대고 국제회의를 하는 것 같았다.

계수나무는 전 세계에서 1속 1종의 원시적인 식물이다. 화석을 통해 보면, 계수나무는 1억 4천만년 전에 북반구 여러 곳에서 살았었고, 현재는 중국과 일본에서만 살아 남았다고 한다. 일본인들이 매우 좋아하는 나무이다. 혼슈(本州) 북쪽과 홋카이도(北海道)에 자생한다. 홋카이도에 소재하는 국립공원 등 자연공원에서 보통 삼백년이상의 보호수를 어렵지 않게 만날 수 있다. 계수나무는 잎이 하트모양이고, 가을이면 노란잎에서 달콤한 냄새가 난다. 일본인들이 일제 강점기에 우리나라에 심었다. 대표적인 나무가 광릉 수목원 박물관 정문을 들어가면 1920년대에 심었다는 거목의 계수나무를 볼 수 있다. 심지어 일본인들은 일제 강점기에 우리 산 이름을 계(桂)자가 들어 가도록 바꾸기도 하였다. 인천 계양산, 오대산의 계방산 등이다. 계양구에서는 10여년 전에 선출직 구청장이 계양산에 계수나무를 심어야 된다고 강변을 하였다는 소리를 들은 적이 있다. 소가 웃을 일이다. 모두가 공부가 필요하다는 것을 보여준 일이다.

서측도로(팔각정 주차장~시립도서관)변 숲

'09년만해도 진달래를 곳곳에서 볼 수 있었다(09.04.05)

'86년도 벚꽃나무 가로수(86.04.19)

'06년 벚꽃나무 가로수. 개나리도 만개(06.04.12)

벚꽃이 팝콘처럼 하늘을 덮었다(06.04.12)

벚꽃과 개나리 꽃이 잘 어울렸다(06.04.16)

벚나무가 대형목이 되었다(06.04.16)

초여름의 벚나무 가로수 길(12.05.19)

벚나무 뿌리목(17.10.06)

대형 벚나무 뿌리목(18.10.29)

벚나무 단풍(06.11.06)

대형목 벚나무의 줄기와 가지(18.05.19)

단풍든 벚나무 사이로 서울타워가 보인다(06.11.06)

벚나무 가로수길 가을풍광(06.11.06)

잎이 지고 있는 벚나무(11.11.06)

벚나무 뿌리목이 이풍진 세상을 이겨냈다(18.10.29)

눈이 내린 벚나무 가로수 길(06.01.09)

벚나무 거목(06.01.09)

제비꽃이 피었다(06.04.12)

계곡을 정비하면서 토사유출 방지용으로 이대를 심었다
(10.04.11)

이대가 서울 기후에 맞아 잘 자란다(17.10.06)

심지도 않았는데 자라고 있는 일본 원산의 어린 칠엽수
(12.05.19)

아카시나무 집단 생육지(90.11.10)

뒤쪽으로 꽃핀 아카시나무가 보인다(12.05.19)

뒤에 서 있는 키 큰 아카시나무들(11.11.06)

이렇게 큰 아카시나무들이 지금도 서 있다(18.10.29)

과거 집중강우의 토사유출로 소월로가 파묻인 경험으로 과도한 토목공사를 함(98.10.11)

인공하천 바닥에 퇴적물이 쌓이고 서양등골나물이 자라기 시작(17.10.06)

인공하천과 메타세콰이아 숲 (00.06.07)

인공 하천변에 메타세콰이아와 이대를 식재(07.04.07)

인공하천과 메타세콰이아림(18.10.29)

메타세콰이아 줄기(12.05.19)

메타세콰이아 마을에도 단풍예측 소식이 전해짐 (06.11.06)

메타세콰이아 숲의 가을(11.11.26)

메타세콰이아가 드디어 단풍이 들었다(11.11.26)

눈이 내린 메타세콰이아와 이대 집단 식재 지역(06.01.09)

눈내린 메타세콰이아림(06.01.09)

때죽나무 잎과 꽃(12.05.19)

오동나무 거목. 지금 곳곳에 자라고 있는 어린나무들이 종국에는 이런 나무가 될텐데(18.10.29)

오동나무 키가 5~6m 정도 된다(18.05.19)

식재된 전나무 무리(18.10.29)

살아 있는 오동나무를 딱다구리들 채이장소 혹은 보금자리로 이용(06.01.09)

고사리류인 관중을 식재하였다(18.05.19)

고사한 졸참나무(18.05.19)

암반틈으로 뿌리를 내린 졸참나무(18.05.19)

남사면은 모암이 화강편마암인지라 풍화가 이루어 지는 모습을 볼 수 있다(18.05.19)

단풍나무 동네(18.10.29)

숲속에 단풍나무가 혼자 살고 있다(06.011.06)

가을 옷을 입은 단풍나무(06.11.06)

리기테다소나무숲의 가을(11.11.06)

사철나무가 산중에 자라고 있다(11.11.06)

낙엽을 예쁘게도 모아 놓았다(11.11.06)

독일가문비 식재지(11.11.26)

독일가문비나무 식재지역(06.01.09)

성벽 앞에 서 있는 느티나무(18.10.29)

성벽위에서 살고 있는 느티나무(18.10.29)

느티나무의 대형목(18.10.29)

화백을 산중에 심은 뜻이 무엇일까(18.10.29)

눈이 내린 화백림(06.01.09)

프라타나스 어린나무가 자라고 있다(18.10.29)

뒤로 보이는 소나무 식재지(12.05.19)

소나무 식재지를 지나치게 관리하고 있다(18.10.29)

식재 소나무숲의 깔끔한 관리가 필요할까(18.10.29)

눈이 내린 소나무림(06.01.09)

소나무의 가련한 모습(18.05.19)

소나무 식재지(18.10.29)

못생긴 소나무는 다 모여 있다(18.10.29)

전나무 식재지. 각종 나무 생장 실험도 아니고, 어찌할 것인지(18.10.29)

숲속에 전나무가 살고 있다(18.10.29)

칠엽수가 마음껏 자랐다. 관상수로 도시공원에 식재한다(18.10.29)

이 지역에도 칠엽수를 찔금 심었다(18.10.29)

칠엽수 종자가 발아 되어 자라난 어린 나무(18.10.29)

키가 3m 정도 자란 칠엽수. 계속 커 질 것이다(18.10.29)

밀식한 잣나무 관목층에 단풍나무들이 자리잡았다(18.10.29)

대형 물오리나무가 서서히 쇠퇴하고 있다. 이 종류는 수명이 짧다(18.10.29)

일본 원산지인 계수나무까지 보인다(18.10.29)

거목의 튜립나무(18.10.29)

상수리나무 거목(18.10.29)

은행나무 거목의 단풍(18.10.29)

도서관쪽 입구의 거대한 은행나무들(18.10.29)

입구의 거대 소나무와 은행나무가 수문장(18.10.29)

제10부

교육연구정보원~팔각정 산책로 숲

제 10 부

교육연구정보원~팔각정 산책로 숲

1978년도에는 분수광장에 새벽이면 많은 시민들이 모여 국민체조도 하고, 운동을 한뒤 관리사무소쪽 식당에서 남산해장국을 먹고 내려 갔다. 이제는 유리 온실의 식물원, 분수, 관리사무소, 4~5채의 식당 자취도 찾기 어렵다. 1978년 조사연구에서 시민들의 남산 호감도 설문조사 항목이 있었다. 새벽, 낮, 저녁으로 나누어 설문조사를 하였다, 수원에서 아침에 출발, 낮에 설문조사를 하고, 그날 밤은 남산에 가까운 여관에서 잔뒤 다음날 새벽 일찍 일어나 준비하였다가 통행금지 해제 싸이렌이 울리면 남산에 올라 새벽 조사를 하던 일이 떠 오른다.

1978년 현장조사시 분수광장에서 팔각정에 이르는 산책로를 오르면서 숲을 조사하였다. 한번은 조사하다가 점심 먹으러 케이블카를 타고 내려가 점심을 먹고 다시 케이블카를 타고 오후 조사에 임한적도 있었다. 또한 팔각정 광장에서 주차장으로 내려가기 전에 관리사무소 분소가 초소처럼 있었다.

식물원에서 팔각정에 이르는 산책로 폭이 '78년 당시는 넓어 막걸리 파는 좌판 가게들이 있었다. 당시는 남산에 왔다가 막걸리 한 잔하고 즐겼는데, 그때는 야바위꾼들도 많았다. 더 재미있는 일은 당시 아이스케키 값이 팔각정에서 파는 것이 식물원 인근보다 비쌌다.

1978년도에는 팔각정에 빠르게 오르는 길로 주말이면 많은 사람들이 모여 붐볐다. 재작년인 '17년 추석 연휴에도 사람들이 이 길에 많이 붐비었는데, 남부 아시아 사람들이 많아 서울이 국제화 되었다고 생각했다. 과거에 이 길섶에 라일락까지 심겨 있었는데, 지금까지 일부 남아 있다. 지금은 철조망 휀스가 없어지고, 성곽 복원하느라 식물원 화장실 뒤쪽이 달라졌으며, 나머지 구간은 포장만 달라졌다. 이 길섶 숲에는 쉬나무가 많다는 것이 특징이다.

쉬나무는 운향과로 중국이 자생지이라고 한다. 과거에는 쉬나무를 남산에서 자주 볼 수 있었는데, 지금은 이 길섶에서나마 여러 주를 볼 수 있다. 잎이 우상복엽으로 하나의 잎에 소엽이 7~11장으로 구성되어 있다. 열매에 날개가 있으며, 종자는 파종자와 비슷하고 6~8mm로 작은데 기름성분이 많다. 1차 오일 파동이 나자, 식물에서 기름을 채취하는 일이 많았다. 특히 유지식물을 키워 기름을 얻으려는 노력을 부단히 했지만 거의 실패로 돌아갔다. 쉬나무도 가정용 등잔용 기름으로 사용하려는 노력을 기울렸지만 실패하였다.

쉬나무는 현재 잠두봉 포토아일랜드 전망대에 오르기전에 숲에서 큰 나무와 작은 나무를 볼 수 있다. 포트아일랜드 데크에서 가까이 있는 쉬나무의 복엽을 관찰할 수가 있다.

이 지역에서 미세먼지 농도가 낮은 양호한 날은, 북악산, 청와대, 인왕산이 한눈에 들어온다. 아울러 한국은행으로 향하는 반포로 은행나무 가로수가 뚜렷하게 보인다.

포토아일랜드에서 북북동쪽으로 소나무숲이 보인다. 북사면에는 소나무가 집단을 이루고 있는 경우가 드문데 말이다. 이곳에서 나와 경사 급한 계단을 오르면, 성벽이 보이고 수십주의 거목인 느티나무 동네로 접어 든다. 평균 수령 80~100년생의 거목 나무품에서 사람들이 땀을 식힌다.

이 산책로에는 거목의 여러 종류 나무가 살고 있다. 그 나무들은 상수리나무, 느티나무, 비술나무, 귀룽나무 등으로 귀중한 장소이다. 많은 관심을 갖고 잘 관리해야 한다.

뒤에서 언급하겠지만, 이미 지난 40년이 지나는 동안 팔각정 주변에서 거목 2주가 없어졌다. 보호 의지가 남 달라야 하지 않을까.

교육연구정보원~팔각정 산책로 숲

산책로 입구 느티나무(18.09.25)

어린 음나무(18.09.25)

어린 아카시나무(18.09.25)

층층나무를 볼 수 있다(18.09.25)

벚나무 거목(18.09.25)

과거 돌계단이었던 것이 편안한 길로 바뀜(18.09.25)

벚나무 맹아(18.09.25)

어린 산초나무(18.09.25)

졸참나무(좌)와 신갈나무(우)(18.09.25)

벚나무 맹아(18.09.25)

아카시나무(좌)와 쉬나무(우)(18.09.25)

오갈피나무(18.09.25)

환삼덩굴 세력이 확장중이다(18.09.25)

1980년대 중반만 해도 이 길은 유흥장소이었다(85.08.02)

산책로에서 막걸리를 마실 수 있었다(86.04.06)

쓰레기는 산에 묻고(86.04.06)

장사가 끝난후에 짐을 야적했다(90.11.03)

산책로가 야산을 걷는 것 같았다(90.11.20)

1990년에 산책로 일부가 정비되었다(90.11.03)

산책로 코스가 성곽을 정비하느라 변경되었다(18.09.25)

성곽 복원으로 생태계가 흔들려 이런 아카시나무가 새롭게 자라고 있다(18.09.25)

귀화식물인 서양주홍나물이 창궐하고 있다. 자연질서가 훼손된 것이다(18.09.25)

현 산책로는 돌계단의 연속이다. 사람이 많은 점에 놀랐다(18.09.25)

대형 아카시나무가 숲에서 어른 행세를 하고 있다 (18.09.25)

미국이 원산지인 미국자리공(18.09.25)

대경목의 물푸레나무 잎이 많이 떨어졌다(18.09.25)

어린 쉬나무. 운향과로 작은 잎이 7~11개인 복엽
(18.09.25)

쉬나무 잎(18.09.25)

쉬나무의 대형목(18.09.25)

쉬나무 잎과 열매. 종자는 검고, 파씨앗과 비슷하다 (18.09.25)

쉬나무 열매. 농경시절에는 유지식물로 귀하게 여겼음 (18.09.25)

거목의 쉬나무가 많은 열매를 맺었다(18.09.25)

쉬나무 잎이 단풍들기 시작했다(18.09.25)

쉬나무 거목의 줄기(18.09.25)

쉬나무 동네(18.09.25)

기진맥진 상태의 산벚나무(18.09.25)

신갈나무 잎(18.09.25)

어린 물푸레나무 잎(18.09.25)

잠두봉전망대에서 바라본 동쪽은 소나무숲(18.09.25)

전망대 동쪽 일부는 소나무 순림이다(18.09.25)

서울 시내 중구의 소나무 가로수(18.09.25)

전망대에서 바라본 도시내의 고립된 녹지. 자생력을 잃어 갈 것이다(18.09.25)

팥배나무 열매(18.09.25)

익어 가는 팥배나무 열매(19.09.25)

팥배나무 잎(18.09.25)

교육정보연구원 건물은 남산에서 별 난 건물. 없애야 하지 않을까(18.09.25)

남산이 도심을 식혀 주는 것이 아니라, 고층건물들이 남산을 덥게 만든다(18.09.25)

잠두봉포토아일랜드. 풍수상 타워쪽을 누에머리인 잠두봉(蠶頭峰)이라 함(18.09.25)

느티나무들(18.09.25)

대형 느티나무 뿌리목(18.09.25)

전망대 위쪽으로 길 양쪽에 대형 느티나무가 나타남 (18.09.25)

성곽 밖에 많은 느티나무가 생육한다(18.09.25)

붉나무 잎과 열매. 열매에서 약한 짠맛이 난다 (18.09.25)

층층나무 줄기(18.09.25)

왕성하게 자라고 있는 국수나무(18.09.25)

조록싸리 잎(18.09.25)

신갈나무 맹아(18.09.25)

벚나무 맹아(18.09.25)

목적지 서울타워가 얼마남지 않았다(18.09.25)

성밖에서 자란 가중나무가 성안을 들여다 보고 있다 (19.09.25)

산수유나무를 여기에 식재한 깊은 뜻은 무엇일까 (18.09.25)

노목의 음나무가 쇠퇴하고 있다(18.09.25)

귀룽나무인데, 온 줄기에 맹아가 돋아났다(18.09.25)

느티나무가 반겨주지만 탐방로는 길기만 하다 (18.09.25)

식재한 무궁화가 꽃을 피웠다(18.09.25)

아카시나무 어린나무가 자라고 있다. 아무일 없겠지 (18.09.25)

석축에서 느티나무가 어렵게 살고 있다(18.09.25)

자물쇠를 여기에 매달면 정말 헤어지지 않을까 (18.09.25)

제11부

안중근의사 기념관 광장~힐튼호텔 숲

제 11 부

안중근의사 기념관 광장~힐튼호텔 숲

본 지역은 일제 강점기시대 조선신궁을 지을 때부터 본래의 모습을 잃었다. 남산의 남서 절벽을 기본으로 하고, 멀게는 서울타워가 서 있어 경관이 양호한 지역이다. 조선신궁을 지을 때 위엄을 부리려고 밑에서 신궁에 이르는 길을 직선인 수 많은 콘크리트 계단길로 만든 것이다. 완전한 경관 파괴이었다. 그리고 옛 사진을 보면, 신궁내에는 3채 건물이 있었는데, 모두 목조 건물로서 남산에서 소나무를 베어 건축하였다니 몇 백주의 소나무가 베어졌을 것이다.

안중근의사 기념광장과 백범광장이 도로에 의해 끊겨 있는데, 다리를 놓아 연결하였다. 이 도로에서 남산식물원으로 향하는 콘크리트 계단길을 놓아 조선신궁 위엄을 살리러 한 것이다. 현재는 이 계단길이 없어져 정말 잘한 일이다. 조선신궁을 헐어내고, 남산식물원을 지었다가 성곽 복원으로 모두 헐어 냈다. 백년만에 제 모습으로 돌아 오게 된 것이다. 그런데 4.19혁명이후 이곳에서 국회의사당 착공행사를 한 기념 사진이 남아 있다. 아찔한 일이다. 언제나 보아도 어울리지 않는 교육정보연구원 흰색 5층 건물은 언제쯤 헐릴까? 빨리 헐어 내야 한다.

안중근의사 기념관 주변에 소중한 거목들이 남아 있다. 1978년도 조사에 의하면 20여주의 거목이 살고 있었다. 당시 60년이상된 8주의 느티나무를 비롯, 5주의 비술나무, 귀룽나무, 3주의 은행나무, 상수리나무, 아카시나무, 가중나무, 은백양나무, 등나무, 모감주나무 등이 서 있는 귀중한 공간이다. 하지만 광장의 주차장 정비공사로 비술나무 여러 주가 피해를 입었다. 주차장을 없앨 생각은 하지 않고, 자꾸 정비하여 주차면 수를 늘리고 있다.

이 곳 여러 광장에 최근 식재된 수목은 공원수, 조경수 개념으로 식재되어 있다. 여기는 조경공간이 아니라 남산 서쪽의 숲이었다. 일제 강점기 이후 이 지역을 광장이나 공원으로 취급하여 숲을 구성하는 나무와는 동떨어진 조경수를 계속 식재한 것이다. 프라타나스의 줄나무, 은행나무, 능수버들 등이 남산숲과 무슨 연관이 있는가? 특히 최근 성곽복원뒤 힐튼호텔쪽 입구지역에는 억새, 물억새, 스꾸렁 등을 식재하였다. 요사이 같이 미세먼지가 심한데 한가한 행동이다. 대기중에 오염물질 흡수량이 많은 교목의 남산 고유숲을 복원해야할 일이다. 이 초원에서 시골 정서를 연상하면서 천천히 걸을 수 있는 날이 며칠이나 될까. 미세먼지가 심하면 마스크 착용이 유일한 방재대책인 서울에서 너무 한가롭고 무책임하다. 새롭게 남산숲 복원을 위해 계획을 수립하고 실행할 일이다.

안중근의사 기념관 광장~힐튼호텔

안중근의사 기념관 광장에서 바라본 남산 서남측 사면 (86.07.28)

교육정보연구원 옥상에서 바라본 남산 서측 사면. 아카시나무(연한 녹색)가 많다(90.11.07)

분수 정원은 기하학적 정원. 이자리가 일제시대 신궁자리임(90.11.07)

남산 서쪽에서 바라본 서울타워 경관(06.01.10)

광장에 느릅나무 일종인 비술나무 그룹(06.01.10)

광장에 이르는 자동차 길 가로수 벚꽃이 한창임(06.04.12)

남산 서사면 암반에 진달래가 피었고, 그외에 산벚나무 꽃, 신갈나무 개엽 중(06.04.12)

광장의 능수벚나무 꽃 미모가 사랑스럽다(06.04.12)

팝콘같은 벚꽃(06.04.12)

신갈나무 맹아가 5월 15일임에도 무성하게 자라고 있다 (09.05.15)

성벽에 붙어 자라는 느티나무(09.05.15)

북측 산책로에서 광장에 이르는 길은 경사가 급한 계단길 (09.05.15)

느티나무 집단(09.05.15)

팔각정에 이르는 산책로 정비중(09.05.15)

이대를 식재(09.05.15)

광장 북측에 소나무를 식재. 그런대로 줄기가 통직함 (09.05.15)

소나무 식재지내에 사슴 모형을 배치(09.05.15)

소나무식재지 전경(10.04.11)

분수광장 북쪽 산책로의 느티나무 줄나무(좌)와 모과나무(우)(09.05.15)

귀룽나무는 벚나무 일종으로 잎이 일찍 피고, 꽃은 이삭형태로 핀다(09.05.15)

분수 못과 교육정보연구원 건물(09.05.15)

분수광장에서 바라본 서사면. 아카시나무 꽃이 피었다 (09.05.15)

지금은 사라진 남산관리사무소 건물(09.05.15)

비술나무 수형(09.05.15)

남산공원 안내도. 서남쪽인 이지역에 붉은 점이 많은데 시설물이 많다는 이야기(09.05.15)

관리소 앞의 비술나무(86.08.01)

안중근의사 휘호석 인근의 비술나무(90.11.07)

20여년이 흘러 비술나무가 더 성숙해졌다(09.05.15)

휘호석 인근 느티나무, 비술나무 등이 성숙해지고 있었다(09.05.15)

2009년 안밖 안내판에 남산관리사무소, 백범광장, 김유신 장군 동상 등이 표시됨(09.05.15)

서울시 보호수로 지정된 모감주나무(90.10.28)

느티나무 군락(09.05.15)

현재는 사라졌지만 일제시대에 조선신궁에 오르는 계단이었을 것임(09.05.15)

프라타나스 광장(09.05.15)

백범광장에 소나무림 조성. 불량 소나무 집합체(09.05.15)

백범선생 동상(09.05.15)

백범광장의 느티나무군락 식재지(09.05.15)

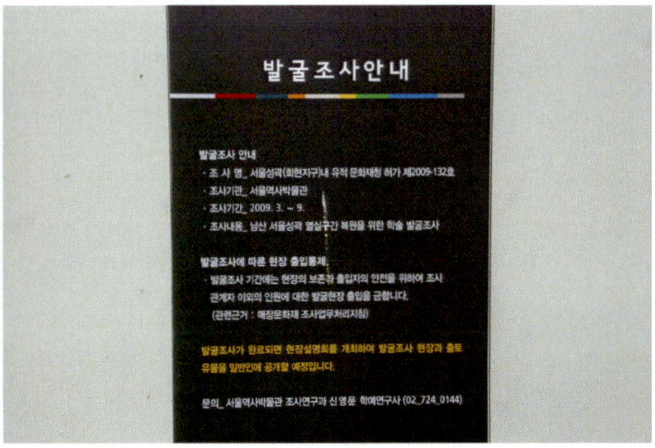

서울 성곽 멸실구간 복원을 위한 발굴조사 안내문(09.05.15)

남산 전체 조감도(09.05.15)

남산과 어울리지 않는 교육연구정보센터가 있고, 힐튼호텔 쪽은 숲조성을 계획(09.05.15)

김유신장군 동상(09.05.15)

은행나무 집단 식재지(09.05.15)

옹벽을 가리기 위해 덩굴식물을 심었지만 절반의 성공(09.05.15)

남색의 으아리꽃이 피었다(09.05.15)

느티나무군락의 수관 모습(09.05.15)

시원한 분수와 못(09.05.15)

기존 성벽 북쪽 숲에는 이런 주목도 볼 수 있다(09.05.15)

수피가 벗겨지는 모습을 한 느티나무도 있다(09.05.15)

느티나무 잎인데 잎이 작아 좁은잎느티나무라고 부른다(09.05.15)

느티나무 숲(09.05.15)

거목의 느티나무 줄기(09.05.15)

이팝나무꽃이 하얗게 피었다(09.05.15)

2010년의 비술나무(10.04.11)

이래도 나무에는 영향이 없을까(15.04.09)

2017년도에 여러 공사로 나무가 고통을 받기 시작(17.10.06)

나무들이 이식 등으로 수관이 작아졌다(18.10.29)

주차장 비술나무가 고립무원의 상태(17.10.06)

정상적인 생장이 가능할까(18.10.29)

발굴 현장. 나무들은 피해가 없었을까. 발굴도, 생명체도 모두 중요하다(15.04.09)

안중근의사 기념관을 더욱 돋보이게 하는 느티나무 줄나무(18.10.29)

대경목의 느티나무를 옮겼다. 몇년 동안의 고통이 지속될런지(18.10.29)

공사로 큰 나무들이 생명에 지장을 받을 만큼 시달린다 (15.04.09)

이 고목을 편하게 살 수 있게 할 수 없단 말인가 (18.10.29)

지금은 볼 수 없는 경관(10.04.11)

이런 비술나무도 생을 다할때까지 당당하게 살 권리가 있다(17.10.06)

성벽밑의 느티나무숲. 오른쪽 굵은 나무는 음나무 (10.04.11)

귀룽나무가 중부지방에서 제일 먼저 잎이 나온다(10.04.11)

느티나무가 개엽준비를 하고 있다(15.04.09)

거목 느티나무의 위용(15.04.09)

분리된 녹지를 연결하는 것은 중요한 일이다(17.10.06)

녹지가 연결되어 산책하기가 편해졌다(17.10.06)

새로 연결된 녹지에 초본 식물을 식재(17.10.06)

조감도에는 숲이 계획되었는데. 미세먼지로 시달리는 시민에게는 한 주의 나무가 절실(17.10.06)

스크렁 초본이 숲을 대신할 수 없다. 숲계획은 실행되어야 한다(17.10.06)

남서사면 숲에 의외로 산벚나무가 많이 자라고 있다(18.09.25)

대경목의 자귀나무(18.09.25)

벚나무 줄기가 대경목이 되었다(18.09.25)

식재한 이대가 잘 자라고 있다(18.10.29)

탐방로입구 운동시설 공간의 느티나무. 피해는 주지 않을까(18.09.25)

안중근의사 동상(18.19.29)

수령 225년인 보호수인 느티나무. 이 지역에 고령의 느티나무가 많다(18.10.29)

비술나무 줄기(18.10.29)

대경목 느티나무 마을(18.10.29)

여기가 남산숲인데, 주차장 다시 생각해 보아야한다 (18.10.29)

제12부

팔각정인근 나무

제 12 부
팔각정인근 나무

팔각정은 본래 이승만 대통령 호를 따서 우남정이었다가 4.19혁명이후 철거되었으며, 새롭게 정자를 짓고 팔각정이라 이름지었다. 팔각정 광장 북측에 쉬나무 거목이 자리하고 있었다. 2009년 4월 5일에 촬영한 세줄기 거목의 쉬나무 사진을 갖고 있다. 그러나 지금은 사라졌다. 광장 바닥포장을 새롭게 할 때 쉬나무 뿌리를 건드려 죽음으로 내몬 것 같다. 참 안타깝다. 그리고 1984년 10월까지 팔각정의 서울타워쪽 돌계단 옆에 수관폭이 3.5m 가량되는 쥐똥나무가 자라고 있었다. 서울시 보호수감 이었다. 그러나 지금은 사라지고, 사철나무가 심겨 있다. 각종 토목공사는 50~70년의 세월을 견디어온 이런 나무들 생명을 앗아갈 만큼 중요하단 말인가? 자연공원에서 자연을 죽이는 이런 공사를 계속할 것인가? 남산 자연을 지키자고 말들은 잘 한다. 오로지 행동이 뒤 따라야 한다.

팔각정 광장에 서울 성곽 안내도가 서 있다. 1396년에 성곽이 완성되었고, 둘레가 18km이다. 얼마나 많은 배성들이 동원되어 희생되었을까? 그때나 지금이나 백성이나 국민은 민초일 뿐이지, 역사의 주인공은 아니다.

광장 북쪽 숲에 키 큰 팥배나무 여러 주가 서 있다. 계절에 따라 옷을 갈아입는 거목의 팥배나무를 만날 수 있다. 흰꽃과 붉은 열매가 많이 달리는 팥배나무가 무슨 힘으로 매년 반복하는지 참 경외스럽다. 광장에 자라고 있는 느티나무와 단풍나무의 봄, 가을 잎색갈이 참 잘 어울린다.

팔각정 광장에서 주차장으로 내려오자면 오른쪽 성벽에서 자라고 있는 느티나무가 대단하다. 건조한 돌틈에서 어떻게 살아 왔는지 생각해 보면 경외스럽다.

남산숲을 관리하는 사람들에게 느티나무는 한 마디 한다.

「긴 인고의 시간은 자연이 이겨낼테니 사람들은 제발 남산에서 살고 있는 생명체의 목숨이나 앗아 가지 마세요」

우리는 누구인가? 사람이라면 우리 형제인 뭇생명체를 가슴에 안고 보살펴야 하는 사명을 창조주에게서 부여 받지 않았단 말인가? 우리 사람들은 뭇생명체와 겸손하게 함께 살던 초심으로 돌아가야 한다.

팔각정 인근 나무

팔각정과 나무(18.05.19)

팔각정 광장을 느티나무들이 에워싸고 있다(18.10.28)

느티나무와 단풍나무 조화(18.10.28)

느티나무 수관폭이 넓어 많은 사람들이 쉴 수 있다 (90.10.26)

잎이 붉게 단풍드는 느티나무(84.10.24)

천제봉행 행사(97.11.02)

천제봉행 행사(97.11.02)

2001년 남산 종합 안내도(01.01.25)

2009년 남산 종합 안내도(09.04.22)

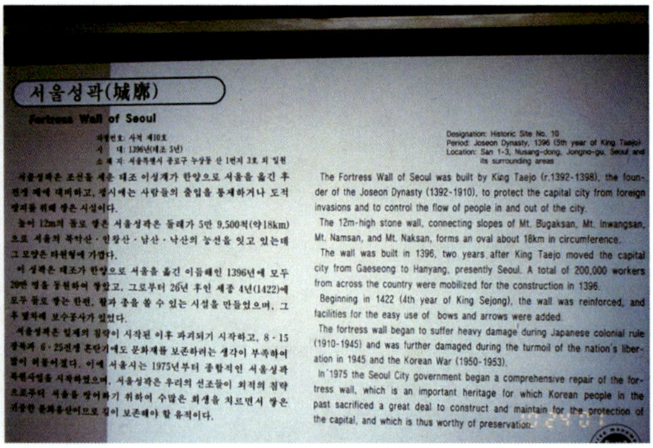

서울 성곽 안내도. 1396년에 축조 되었고, 둘레가 약 18km라고 함(01.10.19)

남산공원 안내문. 해발 265m, 면적 297ha라고 함 (09.04.22)

느티나무 수관사이로 보이는 서울타워(18.09.25)

서울타워가 남산의 상징이 되었다(09.04.22)

저물쇠 나무(09.04.22)

곱게 꾸민 자물쇠 나무들(11.11.26)

크리스마스 트리(11.11.26)

곰 남매(09.04.22)

봉화연기가 피어 오른다. 옛날을 재현하는 행사이다(07.11.07)

거대한 쉬나무가 세 줄기로 갈라져 있다. 현재는 사라졌다(09.04.05)

팔각정 앞에 큰 쥐똥나무가 있었다. 현재는 볼 수가 없다(84.10.24)

쥐똥나무가 있던 자리에 사철나무가 심겨 있다(18.09.25)

팔각정 주차장 인근에 있던 거목 갈참나무도 사라졌다(12.09.28)

성벽의 느티나무. 수관폭이 매우 넓다(06.11.14)

팔각정길로 좌측 칠엽수, 우측 느티나무(06.11.06)

성벽과 거대한 느티나무(06.11.06)

느티나무 신록(09.04.22)

성곽에 끼어 있는 거대한 느티나무. 성곽 보호한다고
거대한 나무를 베자고 하지는 않겠지(09.10.14)

대형목의 느티나무 형상(11.11.26)

성벽밖의 느티나무들(17.11.05)

성벽과 느티나무 줄니무17.11.05)

느티나무 거목의 신록(18.05.19)

다행이도 시영버스들은 친환경(CNG) 자동차이다 (12.09.28)

제13부

소나무 다운 소나무숲

제 13 부
소나무 다운 소나무숲

남산 소나무는 애국가 2절에 나와 있는 것처럼, 우리 민족의 정기를 나타내는 나무이다. 그러나 조선조 말, 일제 강점기 시대, 6.25동란 등 150년동안 남산 소나무는 핍박받고 훼손되어 지금은 불량한 소나무만이 남아있다. 1991년 이후 소나무를 심고, 가꾸어 왔지만 불량한 소나무를 함께 심어 왔다. 헛 농사를 지어 온 것이다. 우리 대한민국 수도가 서울인 이상, 올곧은 소나무가 남산을 지켜야 한다. 불량 소나무대신 소나무다운 소나무가 남산에서 시민의 마음을 보다듬어 주어야 한다.

남산 소나무 조건은 ① 줄기가 통직해야 한다. ② 수관폭이 좁아야 한다. ③ 수관내 가지가 정상적이어야 한다. 그러기 위해서는 우듬지가 가능한 장령기까지 살아 있어야 한다. ④ 줄기 수피색이 가능한 붉어야 한다.

이런 관점으로 국내 13곳의 소나무숲을 소개한다. 더불어 한 곳은 소나무가 드물어진 일본에서 소나무숲 복원을 잘한 일본 나가노(長野)현 알프스아즈미노 국영(國營)공원 소나무림을 소개한다.

강북구 솔밭공원은 서울에서 소나무숲을 공원으로 지정한 사례이다. 1980년대 초에 이곳 소나무를 옮기고, 주거단지로 개발하려던 소나무숲이다. 주택가에 위치하고 평지이었기 때문이다. 결국 개발계획이 반려되고 공원으로 지정되었다. 「자연을 사랑하는 사람들」 단체의 노력 끝에 얻어진 결과이다. 줄기가 통직한 소나무집단이다. 과거 시민들의 무분별한 이용으로 소나무 뿌리가 들어나는 등 문제점이 해결되었다.

다음은 서울 서초구 헌인릉 소나무숲이다. 왕릉의 풍수지리애 의하여 삼면이 소나무숲이지만, 모두 우량한 소나무만은 아니다. 평지에 최근 새롭게 소나무를 양묘하여 식재하였는데 우듬지가 대부분 살아 있다. 우듬지는 수령 50~60년이 지나면 중부지방에서는 대부분 사라지고, 평정형 수관이 된다.

강원도 양양군 송이생산 소나무숲은 현재도 송이생산을 하는 곳이다. 단위면적당 밀도가 높은데, 그러기 위해서는 줄기가 통직해야 한다. 계속 세대 교체를 하고 있고, 관목도 적은 수만 자라도록 관리하고 있었다. 소나무림 30~40년생일때 송이생산이 많이 되기에 계속 관리를 하고 있는 것이다.

강원도 강릉 구정리 소나무숲은 우리나라 소나무 생태형중 금강형에 속한다. 줄기가 통직하고, 수관폭이 좁으며, 수피색갈이 붉은 것이 많다.

강원도 영월 법흥사 소나무숲은 사찰외부 서쪽 하천변 퇴적지에 소나무가 넓게 분포하고 있다. 아울러 사찰내부, 특히 대웅전에서 법흥사 석굴 사이에 자라고 있는 소나무들은 우량형질을 지닌 소나무들로서, 우리나라 대표적인 소나무(임경빈 등, 1991년)인 것으로 소개되어 있다. 줄기가 통직하고, 수관내 가지가 정연하며 줄기 수피가 붉은 것이 많다.

제주 한라산 영실지구 소나무숲은 해발 900~1,300m에 분포한다. 육지의 우량 소나무 못지 않게 줄기가 통직하고, 줄기가 붉으며 수령은 100~120년생으로 밀도가 높다. 국립공원으로 지정되어 있어 보전이 잘 될 것이다. 영실지구에만 소나무가 살고 있어 보전 벽이 무너지면 제주도 소나무숲이 사라지는 것이다. 영실지구 입구에는 아교목과 관목층에 굴거리나무가 우세하게 자라고 있다. 아울러 소나무림 관목층을 조릿대가 강력하게 점유하고 있어 대책을 세우지 않으면 소나무숲 앞길 보장이 안된다.

강원도 삼척군 준경묘는 조선조 태조의 5대조 할아버지 양무 장군묘로 알려졌다. 고종때 이 지역을 준경묘로 설정하고, 준경묘의 넓은 부지에 소나무 종자를 뿌리거나 묘목을 심어 오늘과 같은 소나무숲이 되었다. 최소한 110년이 된 소나무숲이다. 소나무숲의 면적이 상당하다. 줄기가 통직하고, 수관폭이 좁으며 수피색갈이 붉은 개체가 많았다. 금강형의 생태형이다. 일부 지역은 산불 피해로 새롭게 소나무를 식재하였다. 소나무 종자를 포트에 파종하고 5~6년간 키운후 식재하였다 한다. 관리 상태가 양호하여 잘 자라고 있다.

강릉 대관령 자연휴양림은 1922~1926년 사이에 소나무 종자를 파종하여 키운 소나무숲이다. 기록대로면 90년생이상의 소나무숲이다. 줄기가 갑옷을 두른 듯한 소나무가 보인다. 줄기가 통직하고, 수관폭도 좁으며 줄기색도 붉은 색이 많다.

경기 광주시 남한산성 소나무림은 중부지방에서 보기 드물게 순림의 소나무 숲이다. 1920년대에 일본인들이 벌채할 것을 막고자, 전체 산림을 개인 분할하여 사유림으로 변경하여 지켜온 숲이다. 줄기가 통직하고, 수관폭이 넓으며, 수관내 가지가 비교적 정연하지 못하다. 줄기가 붉은 개체도 어느 정도 보인다.

강원 원주시 치악산 구룡사지구 소나무림은 조선시대에 지정한 황장목(黃腸木) 금송(禁松)지역이다. 구룡사 입구 매표소 북쪽 산중에 표석이 설치되어 있다. 황장목은 줄기 횡단면중 붉은 심재부가 넓은 소나무를 말하며, 궁중에서 관으로 사용되어 보호한 소나무숲이다. 줄기가 통직하고, 붉은 색이 많다. 100~120년생 숲이다.

충남 태안군 안면도 소나무 숲은 조선조시대 선박을 건조하기 위해 금송(禁松)으로 지정된 숲이다. 안면도 소나무숲은 곰솔과 소나무의 잡종으로 알려져 있으며, 줄기가 통직하고, 줄기가 붉은 개체도 많다.

경북 청도군 운문사 소나무림은 절 입구에서 운문사까지 소나무가 생육하고 있는 숲이다. 줄기가 곧고, 수피가 붉은 색이다. 그러나 송진채취 흔적을 안고 있는 소나무가 많았다. 일제 강점기, 1960년대에 송진채취를 하였다.

원주시 오크밸리 소나무는 리조트가 조성될 당시, 20년전에 공사부지에서 이식한 소나무들이다. 줄기는 모두 통직하고 수형이 원정형인 개체도 많다. 어린 소나무는 우듬지가 있는 개체와 없는 개체가 함께 심겨 있어 앞으로 자라나면서의 변화를 잘 관찰할 필요가 있다.

일본 나가노(長野)현에 위치한 알프스 아즈미노 국영(國營)공원을 소개한다. 일본 국영공원 17개소의 하나로 인공적인 소나무숲이다. 일본은 소나무 대부분이 재선충 피해를 입어 자연 소나무숲은 찾아보기 힘들다. 본지역은 60~70년 전까지 자기를 구어내던 가마가 있어 소나무를 땔감으로 사용하였는데, 가마가 사라짐에 따라 산에 식재한 소나무가 보전되어 소나무숲으로 발전하였단다. 줄기가 통직하며, 수관폭이 좁고, 줄기가 붉은 소나무가 많았다. 글자 그대로 적송숲이었다.

1. 강북구 솔밭공원

소나무 밀도가 높다(10.03.07)

대부분 줄기가 통직(10.03.07)

아담한 정자(10.03.07)

줄기색이 붉은 적송(赤松)(10.03.07)

줄기가 붉은색이 있는 곳까지 수피가 얇고, 이하는 두꺼움(10.03.07)

나무데크가 깔려 있음(10.03.07)

철갑을 두룬 소나무(10.03.07)

실개울도 조성되었다(10.03.07)

소나무림에서 인수봉이 보인다(10.03.07)

소나무 산책로(10.03.07)

공원 밖 가로수도 소나무. 수관폭이 좁다(10.03.07)

줄기가 통직하고 적색(10.03.07)

걷고 싶은 적송길(10.03.07)

삼각산을 북한산이라 잘못 부르고 있다고 한다(10.03.07)

수관폭이 좁아 일정 면적당 많은 소나무가 생육할 수 있다(10.03.07)

적송밀도가 높다(10.03.07)

공원 안내도(10.03.07)

줄기가 통직한 소나무(10.03.07)

2. 헌인릉

헌릉 좌측의 소나무림(18.10.19)

한 곳에 기존 큰 소나무밑에 새롭게 소나무를 식재 (18.10.19)

소나무 줄기가 통직하다(18.10.19)

어린 소나무의 우듬지들(18.10.19)

새롭게 식재한 소나무는 우듬지가 있고 생장이 양호하였다(18.10.19)

어린 소나무는 줄기가 통직하고 수피가 붉었다(18.10.19)

줄기가 통직하다(18.10.19)

줄기가 붉고 수피가 얇다(18.10.19)

어린 소나무도 줄기가 통직. 다만 곁가지가 문제(18.10.19)

줄기가 통직하다18.10.19)

줄기 색이 붉은 색인 적송(18.10.19)

줄기가 통직한 소나무들(18.10.19)

3. 양양군 송이버섯 생산림

송이를 생산하는 소나무숲(06.12.02)

소나무 줄기가 통직하다(06.12.02)

길 양편 소나무들로 줄기가 통직함(06.12.02)

송이생산을 위해 관목층 나무를 제거한다(06.12.02)

관목층을 관리하지 않는 지역도 있다(06.12.02)

철갑을 두룬듯한 소나무(06.12.02)

줄기가 붉은 소나무다(06.12.02)

줄기가 붉으면 수피가 얇다(06.12.02)

줄기가 통직하고 수피는 붉다(06.12.02)

소나무 밀도가 높다(06.12.02)

수피가 얇다(06.12.02)

수령 1백년 이상된 소나무 3주가 길가에 서 있다. 줄기가 통직, 수피 적색, 우듬지가 살아 있음(06.12.02)

줄기가 아주 붉은 소나무. 하지만 수관폭이 너무 넓다 (06.12.02)

나무를 성글게 하여 지표에 햇빛이 들게 하였다(06.12.02)

왼쪽 전봇대와 소나무 줄기가 통직하기로는 같다 (06.12.02)

어린 소나무림(수령 20~30년생)으로 수관이 좁고, 우듬지가 살아 있음(06.12.02)

식재된지 얼마 안 되는 어린소나무. 우듬지가 모두 있고, 줄기가 통직(06.12.02)

새로 식재하였고, 우듬지가 모두 있음(06.12.02)

4. 강릉 구정리 소나무 숲

철갑을 두른듯한 소나무들(09.12.01)

줄기가 굽은 나무가 한 주도 없다(09.12.01)

생육 밀도가 매우 높은 숲이다(09.12.01)

수관폭이 좁다(09.12.01)

수관폭이 좁아 밀도가 높다(09.12.01)

줄기가 통직하고 수관폭이 좁다(09.12.01)

수피가 얇고 붉은색(09.12.01)

수피가 붉은 곳은 수피가 얇고, 검은 곳은 두꺼움(09.12.01)

붉은 수피가 지상 2~3m까지 내려왔으니 적송 (09.12.01)

적송들이 시루안의 콩나물 같이 빽빽하다(09.12.01)

간혹 활엽수가 섞이기도 한다(09.12.01)

줄기가 통직한 것만 해도 서울 남산 소나무숲에 교훈적이다(09.12.01)

5. 영월 법흥사 소나무 숲

법흥사를 찾던 날, 눈이 소담스럽게 내렸다(12.01.27)

절집이 목재로 되어 있다(12.03.23)

절 외부 하천변림. 소나무가 통직하고 수피가 붉다(12.01.27)

하천변 소나무림으로 우리나라에서 유전자가 우량한 숲으로 알려짐(12.01.27)

대체로 수관폭이 좁다(12.01.27)

하천변 소나무림으로 줄기가 통직하다(12.03.23)

하천을 끼고 있는 숲을 하반림. 모래땅으로 습하지 않아 소나무의 적지(12.03.23)

소나무 수관폭이 좁고 줄기는 통직(12.03.23)

줄기가 붉어 적송이고, 수피가 얇다(12.03.23)

수관폭이 좁다(12.03.23)

수관이 넓은 나무는 이웃 나무에게 영향을 준다 (12.01.27)

하반림 소나무숲으로 줄기가 통직하고 수관폭이 좁다 (12.01.27)

절 내부숲 우량 소나무숲으로 길이 나 있다(12.03.23)

송진 채취 흔적이 남아 있음. 일제시대, 1960년대에 채취 (12.04.23)

소나무 벌근. 가운데 붉은 부분이 심재(心材), 밖 부분이 변재(邊材)(12.03.23)

대형 소나무이다(12.03.23)

줄기가 통직하고 수피가 대체로 붉다(12.03.23)

어린 소나무로 2년생(12.03.23)

어린 소나무이지만 우듬지가 짤렸다(12.04.23)

철갑을 두룬 소나무(12.03.23)

소나무 줄기로 거북등같이 생겨서 길조의 상징(12.04.23)

심재가 붉어 황장목(黃腸木)으로 이용. 붉은 심재로 왕실관 제작에 사용(12.04.23)

줄기가 정말 붉다(12.03.23)

줄기가 통직한 소나무숲(12.04.23)

6. 한라산 영실지구 소나무 숲

수관폭이 좁고, 줄기가 통직, 수피가 붉은 색(10.10.13)

붉은 두 줄기사이에 있던 줄기를 베어낸 흔적(10.10.13)

줄기가 붉은 적송숲 산책로를 지난다. 자연림으로 조릿대가 지표면을 덮음(10.10.13)

줄기가 통직하다(10.10.13)

줄기가 통직하고 수피가 붉은 색(10.10.13)

줄기가 대체로 통직(10.10.13)

철갑을 두룬듯 한 소나무(10.10.13)

줄기가 붉고, 수관폭이 좁다(10.10.13)

수피가 얇고, 붉다(10.10.13)

줄기가 통직하고 수피가 얇다. 적송의 모임(06.05.02)

수관폭이 좁다(06.05.02)

수관은 좁고, 줄기는 통직, 수피는 얇고 붉다(06.05.02)

7. 삼척 준경묘 소나무 숲

한반도는 백두대간과 14개의 정맥으로 이루어졌다. 이 곳 준경묘는 백두대간 두타산에서 흘러 나온 산줄기(12.03.24)

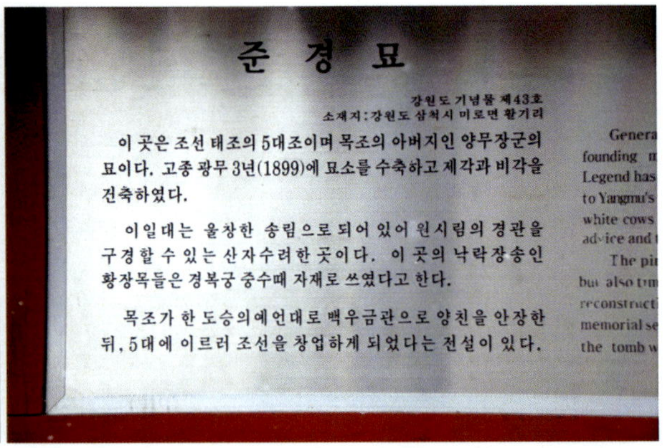

준경묘는 조선 태조의 5대조인 양무장군 묘소. 고종때인 1899년 묘를 수축, 소나무 식재, 관리(12.03.24)

준경묘 모습(12.03.24)

모두 수피가 붉은 소나무만이 모여있다(12.03.24)

대경목 소나무 두주가 함께 서 있다(12.03.24)

3백년 이상된 소나무를 두 사람이 껴안았다(12.03.24)

굴참나무, 산벚나무 등이 소나무와 함께 자라는 숲 (12.03.24)

수피의 붉은 색갈이 지상으로 가까이 내려와 있다. 줄기 전체가 붉은 것은 드물다(12.03.24)

송진 채취 부위가 완전히 아물지 않았다. 일생동안 안고가는 상처(12.03.24)

백년생이 넘는 소나무인데도 수관폭이 매우 좁다(12.03.24)

백년이 지나야 철갑을 두룬듯한 소나무가 된다. 애국가 작사 당시 남산에 이런 소나무가 있었을 것(12.03.24)

수피가 거북등 모양이라 복됨을 상징(12.03.24)

단아한 소나무 모습(12.03.24)

줄기가 검은 나무와 붉은 나무가 서 있다(12.03.24)

어린 소나무들이 고개를 숙여 할배 소나무에게 예를 표한다(12.03.24)

적송이지만 굵은 가지가 좌측으로 향하고 있다(12.03.24)

묘로 양묘하여 식재한 지 4년이 경과된 어린 소나무 (12.03.24)

포트양묘를 하였기에 우듬지 손상없이 활착하여 잘 자라고 있다(12.03.24)

식재한지 7년이 지난 소나무로 가지치기를 하여 우량한 소나무로 키우고 있다(12.03.24)

어린 소나무들이 어른 소나무 모습을 보고 닮아 간다 (12.03.24)

수관폭이 좁아 나무들마다 자기영역을 충분하게 확보하였다(12.03.24)

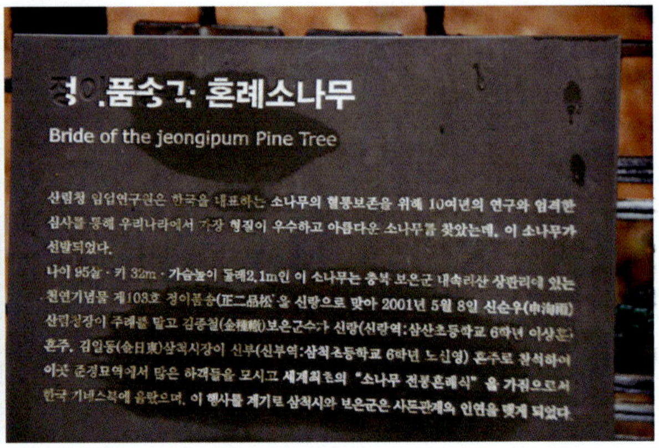

보은 정이품송을 신랑, 95년생인 이 나무를 신부로 혼례를 2001년에 치루었다(12.03.24)

신부 나무로 줄기가 통직. 수령 95년, 키 32m 이었다(12.03.24)

수관이 조형 소나무처럼 자랐다(12.03.24)

8. 강릉 대관령 휴양림 소나무 숲

대관령휴양림 표석(12.03.25)

소나무숲 표지판(12.03.25)

이곳 소나무림은 1922~1926년에 걸쳐 파종한 숲으로 수령이 2012년 당시 86~90년이 되었음(12.03.25)

문화재용 목재생산림으로 지정. 면적 284ha, 본수 11만 3천주. 수고 12~18m(12.03.25)

줄기가 통직하고, 수피는 붉은 색이며 얇고, 수관폭이 좁은 표본 소나무(12.03.25)

줄기가 굽지도 않았고, 수관내 가지가 구부러진 것도 없다(12.03.25)

줄기가 붉어 적송 그 자체다(12.03.25)

줄기가 통직하고 수관폭이 좁다(12.03.25)

줄기가 굵은 나무와 가는 나무가 섞여 있다. 인공림이라고 부르기에는 무리가 있다(12.03.250

큰 나무나 작은 나무 모두 수관폭이 좁다(12.03.25)

적송숲에 일부 줄기 굽은 활엽수가 자란다(12.03.25)

평화로운 자연을 보여주는 소나무 산책로(12.03.25)

두 대경목 소나무가 어린 소나무들에게 이야기를 들려주고 있다(12.03.25)

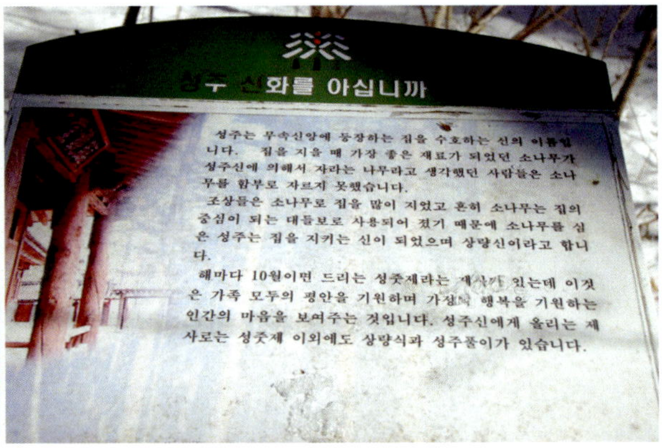

소나무를 지킨다는 성주신화 이야기(12.03.25)

서울 남산에 있어야할 철갑을 두른 소나무(12.03.25)

눈속에서 소나무 미래 이야기를 풀어 나간다(12.03.25)

철갑을 두른 소나무(12.03.25)

통직한 줄기의 소나무들이 도열해 있다(12.03.25)

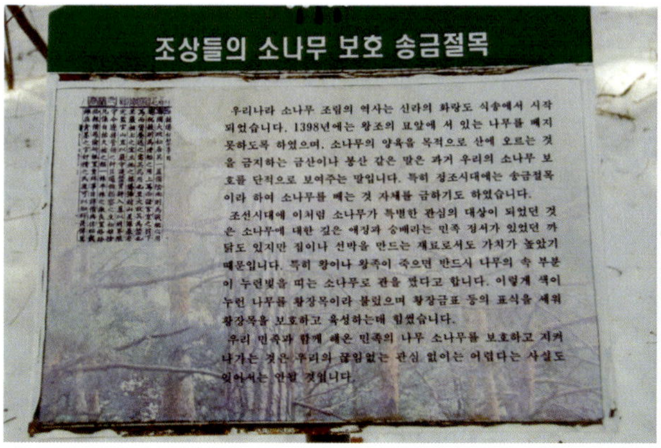

조선조시대 여러 소나무 보호 정책을 언급. 황장목(黃腸木) 이용을 설명(12.03.25)

줄기가 붉은 성질을 모든 소나무가 갖고 있는 것은 아니다(12.03.25)

종자를 뿌려 이런 소나무를 자라게한 것이다. 종자 파종도 중요한 방법이다(12.03.25)

줄기가 통직하고 붉기까지하면 금상첨화다(12.03.25)

수형이 좀 불량한 소나무가 끼어 있다(12.03.25)

철갑 소나무(12.03.25)

수피가 얇은 소나무는 금강형 소나무 특징. 백두대간 지역에서 볼 수 있음(12.03.25)

종자 파종시 형질이 좋은 소나무에서 종자를 얻어 왔다 (12.03.25)

어느하나 나대는 나무가 없다(12.03.25)

줄기가 통직하는 등 소나무 표본을 보여준다(12.03.25)

꿈엔들 잊겠는가, 이 아름다운 미인송 모습을 (12.03.25)

서울 남산이 서울의 상징이면 최소 이런 소나무숲 이어여 한다(12.03.25)

9. 경기 남한산성 소나무 숲

수관폭이 넓은 소나무숲(08.06.10)

솎아내기 위한 벌채를 실시했다(11.03.05)

줄기가 통직하고 적색이다(11.03.05)

수관내 줄기가 휘었다(11.03.05)

줄기가 대체로 통직하다(11.03.05)

줄기가 통직하지 않은 소나무도 있다(08.06.04)

중남부저지형 소나무는 수관폭이 넓다(07.06.09)

대체로 소나무 줄기가 통직하다(07.06.09)

줄기는 통직하나 우듬지가 없어 수관폭이 넓다(07.06.09)

줄기는 붉으나 우듬지가 없어 수관폭이 넓다(07.06.09)

수관폭이 넓은 소나무 3주가 영토 싸움을 하고 있다(07.06.09)

줄기는 대체로 통직하나 수피색은 거의 검은 색이다(07.06.09)

중남부형 소나무로 줄기가 대체로 통직하다(07.06.09)

대체로 줄기가 통직하고 붉다(06.10.23)

줄기가 적송이다(06.10.23)

철갑을 두른 소나무(06.10.23)

적송길(06.10.23)

소나무숲속 망월정(06.10.23)

10. 치악산 구룡사 소나무 숲

줄기가 통직한 소나무(08.05.04)

적송의 숲길(08.05.04)

줄기가 통직하고 적송이다(08.05.01)

줄기가 통직하지 않은 나무들도 보인다(08.05.01)

줄기는 통직하나 경사진 나무가 있다(09.05.23)

줄기가 통직한 소나무들(09.05.23)

철갑을 두룬 소나무(09.05.23)

수피가 두껍다. 철갑처럼 보인다(09.05.23)

중남부고지형 생태형에서는 양호한 소나무림 (09.05.23)

줄기가 통직하고 수피가 붉다(09.05.23)

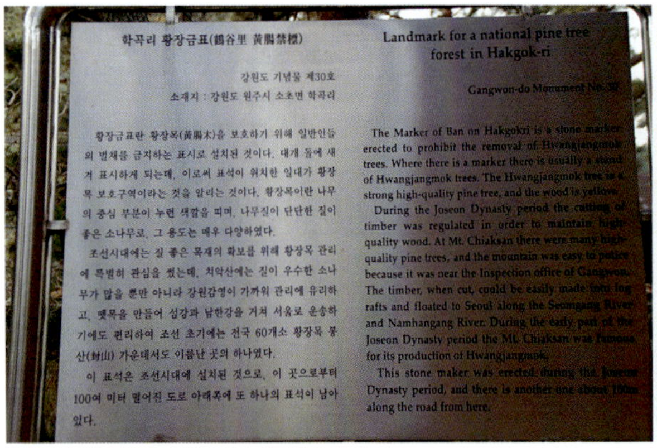

황장금표(黃腸禁標) 설명문. 목재 내부가 적황색의 나무는 귀하게 여겨 황장목으로 지정하여 보호하였다 (07.12.31)

조선조시대에 지정한 황장금표 표석. 전국 60개소를 지정, 이곳도 포함됨(07.12.31)

황장목 보호지역의 한 곳(07.12.31)

노송의 영접속에 소나무숲을 입산한다(07.12.31)

줄기가 통직하고 수피가 적색(07.12.31)

적송의 숲길(07.12.31)

수관폭이 좁은 나무와 넓은 나무가 섞여 있다(07.12.31)

수형이 아름다운 소나무숲이 활엽수들 등쌀을 이겨낼 지(07.12.31)

11. 태안 안면도 소나무 숲

안면도 소나무숲. 잘 보호하여 활엽수 침입이 적다(13.03.10)

나무데크 탐방로 주변 소나무는 생육 밀도가 높다(13.03.10)

줄기가 통직한 적송이 대부분인 숲(13.03.10)

수관 폭이 좀 넓다(13.03.10)

2019년 9월 2일 태풍 콘파스피해로 7,650주 소나무가 피해를 입음(13.03.10)

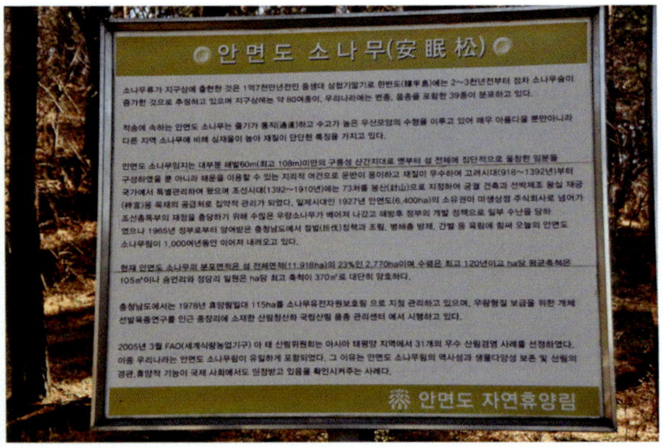

안면도 소나무림은 조선시대 지정한 봉산(封山) 73개소의 하나. 면적 2,770ha. 수령 최고 120년(13.03.10)

관리된 소나무들. 수관이 통직하고 붉다(13.03.10)

바닷가라 우듬지가 대부분 없어 수관이 평정형(13.03.10)

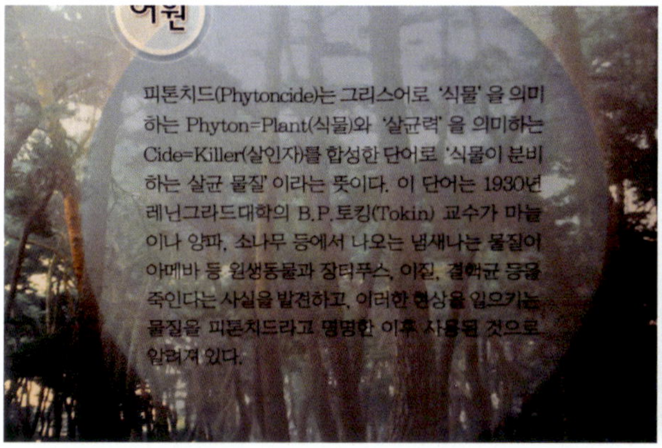

피톤치드 설명문. 소나무등 침엽수에서 항생물질이 분비되어 여러 병균을 죽이기에 붙인 용어(13.03.10)

고립목이라 해가 잘 들어 곁가지가 많이 자라났다(13.03.10)

바닷가라 줄기가 검은 해송과의 교잡으로 검은 줄기의 소나무도 있다(13.03.10)

소나무 뿌리목 횡단목. 변재가 두꺼워 황장목으로 사용불가하다(13.03.10)

그래도 줄기가 통직한 적송숲은 존재한다(13.03.10)

수관폭이 다양하고 수관내부 줄기가 구부러진 개체도 있다(13.03.10)

적송숲 길(13.03.10)

대체로 수관폭이 좁다(13.03.10)

줄기가 통직한 나무들 동네(13.03.10)

육지 소나무에 비해 잎을 달고 있는 수관 높이(수관고)가 낮다(13.03.10)

미인송 아래 식재된 어린 소나무. 우듬지가 살아 있다(13.03.10)

소나무림하부에 동백나무를 식재. 소나무 보호림에서는 보기 드문 장면(13.03.10)

능선부 소나무 줄나무. 수관이 평정형임(13.03.10)

잘 관리되어 줄기가 통직한 소나무가 많이 남아 있다(13.03.10)

소나무림. 줄기가 통직하지 못한 나무도 여럿 섞여 있다(13.03.10)

철갑을 두룬듯한 소나무들(13.03.10)

12. 청도 운문사 소나무 숲

줄기가 완벽하게 통직하지 못하다(11.09.30)

줄기가 통직하지 못한 소나무가 많아도 적송이 많다 (11.09.30)

일제시대말 송진을 채취한 흔적(11.09.30)

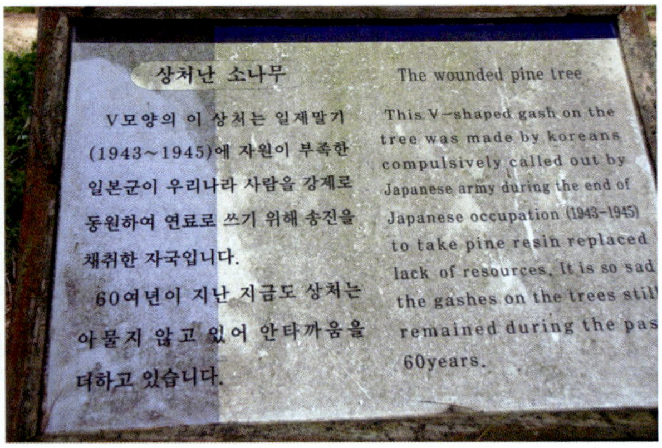

송진채취에 대한 히스토리 텔링(11.09.30)

수관폭들이 넓다(11.09.30)

붉은 수피가 지상부 3~4m까지 내려왔다(11.09.30)

소나무숲 길(11.09.30)

줄기가 붉지 않은 나무도 많다(11.09.30)

철갑을 두룬듯한 소나무들(11.09.30)

줄기가 약간 굽었다(11.09.30)

적송들의 마을(11.09.30)

적송림의 산책로(11.09.30)

13. 원주 오크밸리 소나무 숲

우듬지가 살아 있는 소나무(18.12.12)

우듬지가 뚜렷하다(18.12.12)

40여년생이나 되는데 우듬지가 살아있다(18.12.12)

우듬지가 살아 있으면 수형형성은 늦어진다(18.12.12)

우듬지가 살어 있어 수령이 50년이 넘어도 수형형성이 잘 이루어지지 않았다(18.12.12)

우듬지가 살아있는 나무들 수형, 상고대 경관(18.12.12)

우듬지가 없어지자 곁가지들이 모두 자라기 시작했다(18.12.12)

서로 우듬지 역할을 하기 위해 다툼이 시작되었다. 평정형이 되거나, 줄기가 굽은 형태가 된다(18.12.12)

우듬지가 없어 평정형 수형이 됨(18.12.12)

조경수는 일부러 우듬지를 없애기도 한다(18.12.12)

줄기가 붉은 적송들(18.12.12)

줄기는 통직하나 평정형 소나무(18.12.12)

14. 일본 나가노(長野) 알프스 아즈미노 국영공원 소나무림

소나무 인공림(17.09.20)

일본은 소나무림이 거의 사라졌다. 본 소나무림은 나가노 알프스아즈미노 국영공원에 속한다(17.09.20)

본 적송림은 인공림이다. 도자기를 굽던 곳이 폐업하여 소나무를 보호할 수 있었단다(17.09.20)

줄기가 통직하고 수피가 두껍다(17.09.20)

적송이다(17.09.20)

대경목 소나무 길(17.09.20)

소나무숲에 활엽수가 많이 자란다(17.09.20)

소나무 관목층에 활엽수가 왕성하게 자라고 있다 (17.09.20)

적송림이 줄기가 통직하고 붉다(17.09.20)

적송림으로 줄기가 통직(17.09.20)

줄기가 붉다(17.09.20)

소나무길(17.09.20)

인용문헌

1. 임경빈, 이경재, 권태호, 박인협. 1978. 남산공원 수림의 피해상태와 그 대책에 관한 연구. 서울특별시. 134쪽.

2. 이경재, 오구균, 김윤수, 박인협. 1986. 남산공원의 자연환경 실태 및 보전대책. 남산공원관리사무소. 78쪽.

3. 이경재, 한봉호, 권전오, 이수동, 강현경 등. 2001. 남산도시자연공원 식생환경 실태 및 관리방안. 서울특별시. 366쪽.

4. 이경재, 한봉호, 박병상, 김정호, 김종엽 등. 2005. 남산공원 소나무림에 대한 생태상 모니터링 및 관리방안. 서울시 공원녹지관리사업소. 292쪽.

5. 이경재, 한봉호, 김정호, 홍석환, 최인대 등. 2006. 남산도시자연공원 자연생태계 현황조사 및 관리 방안. 남산공원관리사업소. 227쪽.

6. 이경재, 한봉호, 최진우, 기경석, 곽정인 등. 2009. 남산 생태경관보전지역 관리계획. 서울특별시. 284쪽.

7. 노태환. 2015. 서울시 도시환경 변화 및 관리에 따른 환경 적응형 남산 도시숲 관리 방안 연구. 서울시립대학교 대학원 박사학위논문. 297쪽.

8. 박수현. 1995. 한국귀화식물 원색도감. 일조각. 271쪽.

9. 박인규. 2005. 서울시 남산 소나무림의 특성 및 생태적 관리방안 연구. 서울시립대학교 대학원 박사학위논문. 250쪽.

10. 서울특별시. 1990. 남산의 어제와 오늘. 154쪽

11. 오구균, 서민환, 정승준, 이유미. 2005. 손에 잡히는 생태수목도감. 광일문화사. 349쪽.

12. 이창복. 1980. 대한식물도감. 향문사. 990쪽.

13. 일본삼림총합연구소 關西지소. 2010. 참나무 시들음병 피해를 어떻게 줄일까. 27쪽

14. 임경빈. 1991. 조림학원론. 향문사. 344쪽.

15. 한봉호, 최진우, 곽정인, 김종엽, 노태환 등. 2015. 남산 산림기본계획. 서울특별시 중부공원녹지사 업소. 221쪽.